ANNA SPORON · MICHAEL METTLER

Gesellige Degus

KOSMOS ratgeber

Biologie und Heimat
Degus zoologisch gesehen **4**
Verwandtschaft **5**
Gattungsname **5**
Arten **5**
Körperform **7**
Füße **7**
Schwanz **7**
Zähne **8**
Sinnesorgane **9**
Lebenserwartung **9**
Verbreitung in Europa **9**
Farbvarianten **11**

Lebensweise und Verhalten
Leben im Familienverband **12**
Lebensweise im Freiland **13**
Nahrungssuche **13**
Freundschaftsgesten **14**
Revierverhalten **15**
Rangordnung **16**
Drohgesten **16**
Auseinandersetzungen **16**
Trennen von Degus **17**

Unterbringung und Zubehör
Degus im neuen Zuhause **20**
Gesellige Degus **21**
Männchen oder Weibchen? **21**
Gesetzliche Bestimmungen **22**
Anschaffung **22**
Ein Zuhause für Degus **23**
Zimmervolieren **24**
Terrarien **24**
Aquarien **26**
Belüftung **26**
Raumbedarf **27**
Der richtige Standort **29**
Laufräder **30**
Einstreu und Nistmaterial **30**
Badespass in Sand **30**
Heu und Stroh **31**

Richtig halten und pflegen
Großputz bei Degus **32**
Körperpflege **33**
Tägliche Kontrolle **33**
Wöchentliche Kontrolle **33**
Eingewöhnung **34**
Zähmung **34**
Die Hand als Klettergerüst **35**
Streicheleinheiten **36**
Degus vorsichtig hochheben **36**
Beschäftigung macht glücklich **37**
Freilauf im Zimmer **38**
Degus und andere Heimtiere **38**
Unser Degu bekommt Gesellschaft **40**

Artgerechte Fütterung
Ein Speiseplan für Degus 42
Degus sind Magerköstler 43
Futtergefäße 44
Hauptfutter 44
Raufutter 45
Obst 45
Gemüse 46
Sonstiges Grünfutter 47
Futterergänzungen 48
Trinkwasser 49
Wassernäpfe 49

Krankheiten und Verhaltensstörungen
Wenn dem Degu etwas fehlt 50
Gesundheitsprobleme 51
Zuckerkrankheit 52
Geburtsschwierigkeiten 52
Grauer Star 53
Krallen und Zähne 54
Fellfressen 55
Verhaltensstörungen 55

Fortpflanzung und Familienleben
Nachwuchs bei Familie Degu 56
Was zu bedenken ist 57
Familienplanung 57
Geschlechtsreife und Zyklus 58
Werbung und Paarung 58
Trächtigkeit und Geburt 59
Degu-Babies 60
Nestkontrolle 60
Beginn der Aktivität 60
Ernährung der Jungtiere 60
Verhalten 61
Entwöhnung 61

Service
Register 62
Impressum 64

Biologie und

Heimat

Degus zoologisch gesehen

Verwandtschaft

Degus sind Nagetiere. Bei flüchtigem Hinsehen ähneln sie oberflächlich Ratten, haben aber verwandtschaftlich überhaupt nichts mit diesen zu tun. Deswegen wurde für sie und ihre nächsten Verwandten der Begriff „Trugratten" geprägt. Die Anatomie offenbart, dass sie in die weitläufige Verwandtschaft der Meerschweinchen einzureihen sind. Weitere entfernte Verwandte der Degus sind Nutrias und Chinchillas.

Der Cururo *(Spalacopus cyanus)*, eine weitere Art der Trugratten, gelangt gelegentlich in Liebhaberhände. Dieser unterirdisch lebende, schwarze bis mahagonibraune Vetter des Degus mit seinen weit vorstehenden Nagezähnen behält auch im Terrarium seine versteckte Lebensweise bei und wird nicht handzahm. Seine Haltung sollte dem Nagetierspezialisten vorbehalten bleiben.

Gattungsname

Wissenschaftlich heißen die Trugratten Octodontidae (Achtzähner). Dies bezieht sich nicht etwa auf die Zahl ihrer Zähne, sondern auf die Form der Backenzähne, deren Kauflächen – von oben betrachtet – die Form einer „8" aufweisen. Kurioserweise zeigt ausgerechnet der Degu dieses Merkmal nicht, obwohl er mit seinem Gattungsnamen Octodon der gesamten Trugrattenfamilie Pate stand.

Arten

Das Hauptverbreitungsgebiet der insgesamt vier Degu-Arten ist das mittlere Chile; nur eine Art, der Wald-Degu, erreicht im an Chile grenzenden Bereich argentinischen Boden. Innerhalb der Degu-Sippe stehen sich Gewöhnlicher und Küsten-Degu einerseits sowie Wald- und Pazifik-Degu andererseits untereinander verwandtschaftlich näher.

Der Gewöhnliche Degu *(Octodon degus)* ist die kleinste und bekannteste Art. Sein Gebiet erstreckt sich von den Küstenregionen bis ins Gebirge (bis 1200 Meter Höhe). Dieser sehr anpassungsfähige Degu bewohnt offene, trockene, teilweise felsige Landstriche mit lockerem Strauchbewuchs und dringt sogar bis in Wüstenrandgebiete vor; dickichtartigen Bewuchs und Wälder meidet er. Er scheut nicht die Nähe des Menschen und besiedelt als Kulturfolger auch Gärten und ackerbaulich genutzte Flächen. Dort wird er als Schädling verfolgt.

Info

Degus sind keineswegs Mini-Chinchillas! Die beiden Tierarten sind völlig unterschiedlich in Lebensweise und Haltungsansprüchen.

Die bekannteste Degu-Art bewohnt offene, teils sehr trockene Landschaften mit lockerem Strauchbewuchs.

Octodon degus wurde schon als häufigste Säugetierart Mittelchiles bezeichnet. Da er auch offene Flächen zu nutzen weiß, profitiert er im Gegensatz zu seinen Verwandten sogar davon, wenn Buschland oder Wälder gerodet werden.

Der Küsten-Degu (*Octodon lunatus*), nächster Verwandter des Gewöhnlichen Degus, bewohnt die Dornbuschregion küstennaher Gebiete in unmittelbarer Nachbarschaft zu Octodon degus und vertritt diesen überall dort, wo dichter Strauchbewuchs die Landschaft prägt. Die beiden Arten unterscheiden sich äußerlich wenig auffällig in Größe und Färbung, deutlich allerdings in der Zahl ihrer Chromosomen (58 bei degus, 78 bei lunatus).
Beide tragen helle Augenringe und ausgeprägte Schwanzquasten und unterscheiden sich dadurch von den anderen Arten, die außerdem kleinere Ohren haben.

Dank seines unspezialisierten Körperbaus ist der Degu sehr anpassungsfähig.

Der Wald-Degu (*Octodon bridgesii*) lebt in Wäldern und Bambusdickichten von Meereshöhe bis 1200 Meter ü.M. und dringt von den drei Festland bewohnenden Arten am weitesten nach Süden und Osten vor. Wald-Degus unterscheiden sich in der Lebensweise von den bereits genannten Arten dadurch, dass sie keine Gangsysteme in die Erde graben.

Der Pazifik-Degu (*Octodon pacificus*) lebt völlig isoliert von den anderen Arten in den Wäldern der Insel Isla Mocha vor der Küste Chiles, ist aber mit Octodon bridgesii nah verwandt. Er stellt die größte Art dar und wurde erst 1993 wissenschaftlich beschrieben.

Körperform

Die oberflächliche Rattenähnlichkeit der Degus resultiert aus der etwa entsprechenden Größe und dem langen, nicht buschigen Schwanz. Bei genauerem Hinsehen fällt dagegen sofort der abgerundete Kopf mit seiner flachen Nase und den großen Ohren auf.

Füße

Die Füße werden zum Scharren und Graben benutzt, ohne besonders daran angepasst zu sein. Zwar können die Vorderfüße greifen und werden zu verschiedenen Tätigkeiten benutzt, doch erreicht ein Degu bei weitem nicht die Fingerfertigkeit einer Ratte. Alle Zehen tragen kurze, aber scharfe Krallen, die von verlängerten Haaren auf der Zehenoberseite etwas verdeckt werden. Beim Klettern auf Felsen und Ästen verhindern die Krallen in Verbindung mit den ausgeprägten Fußballen ein Abgleiten.

Schwanz

Der körperlange Schwanz des Degus trägt eine borstige schwarze Behaarung, die zu seiner Spitze hin dichter wird und eine sehr lockere, aufgefächerte Quaste bildet.
Die Schwanzform verhalf dem Degu in seiner Heimat auch zu dem kuriosen Namen „raton cola de trompeta" (*Trompetenschwanzmaus*).

Die langen Tasthaare ermöglichen eine Orientierung im Dunkeln.

Der Schwanz eines Degus besitzt eine „Sollbruchstelle“ ähnlich dem Schwanz einer Eidechse (allerdings wächst ein Degu-Schwanz nicht nach). Bei zu festem Griff löst sich die Schwanzhaut an dieser Stelle und rutscht von der Muskulatur. Das freigelegte Fleisch stirbt in den Tagen danach ab und vertrocknet ebenso wie die Schwanzwirbelsäule. Dieser Vorgang verursacht wahrscheinlich einen Juckreiz, der den Degu veranlasst, sich den abgestorbenen Schwanz selbst abzubeißen.
Bei sehr derbem Zupacken kann sogar die Schwanzwirbelsäule abbrechen. Merkwürdigerweise zeigen Degus nach der Verstümmelung – wohl als Folge eines Schockzustandes – kaum Anzeichen von Schmerz. Die Wunde heilt durch ständiges Sauberlecken meistens sehr schnell ab. Der biologische Sinn dieser Selbstverstümmelung (Autotomie) liegt in einer letzten Chance des Entkommens, falls der Angreifer – zum Beispiel ein herabstoßender Greifvogel – nur den Schwanz packen kann.
Schwanzlosigkeit ist für Degus eine echte Körperbehinderung, denn der Schwanz ist nicht nur als Balanceorgan, sondern auch als Ausdrucksmittel bei der Körpersprache wichtig.

Zähne

Die meißelförmigen Nagezähne des Ober- und Unterkiefers sind auf der Vorderseite durch eine orangegelbe Schicht sehr widerstandsfähigen Zahnschmelzes zusätzlich gehärtet. Wie alle Nagetiere besitzen auch Degus ständig nachwachsende Zähne, die an starken Abrieb angepasst sind. Die Nagezähne sind so stabil, dass damit sogar Plexiglas, Draht und dünnes Blech zernagt werden können.

Wichtig

Fehlen Nagemöglichkeiten und harte Nahrung, werden die Zähne überlang und können den Degu derart bei der Nahrungsaufnahme behindern, dass er verhungert.

Körpermaße

Kopf-Rumpf-Länge	12,5 bis 19,5 cm
Schwanzlänge	10,5 bis 16,5 cm
Normalgewicht	200 bis 220 Gramm
trächtige Weibchen	bis 300 Gramm

Sinnesorgane

Geruchssinn und Gehör sind bei Degus gut ausgeprägt, doch auch das Sehvermögen ist besser entwickelt als bei vielen anderen Kleinnagern.

Auffallend sind die langen Tasthaare (Vibrissen) an der Schnauze; Tasthaare überragen auch entlang der Schultern, Flanken, Hinterschenkel bis hin zur Schwanzwurzel das eigentliche Körperfell, eine Anpassung an das Leben in Spalten und Erdröhren.

Lebenserwartung

Die Erwähnung von Altersrekorden lässt leicht vergessen, dass es sich dabei um Ausnahmen handelt. Degus sind in Menschenhand schon neun Jahre alt geworden, doch erreichen die meisten von ihnen diese Lebensdauer auch bei guter Pflege nicht. Es ist daher realistischer, von einer durchschnittlichen Lebenserwartung von etwa fünf Jahren auszugehen.

Für frei lebende Degus ist selbst dieses Alter nur selten zu erreichen. In einer zehn Jahre lang untersuchten Wildpopulation fiel etwa die Hälfte aller Jungtiere innerhalb der ersten sechs Lebensmonate Beutegreifern zum Opfer. Insgesamt wurden über 99 Prozent (!) der Degus nicht älter als ein Jahr. Das Rekordtier dieser Population war knapp vier Jahre alt.

Verbreitung in Europa

Degus werden nicht nur von Liebhabern gehalten, sondern auch als Labortiere genutzt.

Obwohl sie Erdbewohner sind, halten sich Degus gerne längere Zeit an der Erdoberfläche auf und suchen dort nach Nahrung.

Sie dienen der Biorhythmus-, Stress-, Alzheimer- und Diabetesforschung. So wurden Degus aus einer an der Universität von Santiago de Chile gehaltenen Zuchtkolonie für das Londoner Wellcome-Institut nach Großbritannien importiert. Über diesen Zuchtstamm ist bekannt, dass die Jungtiere in weniger weit entwickeltem Zustand geboren wurden.

Bereits 1960 erhielt der Zoo Frankfurt/Main von Privat zwölf Degus unbekannter Herkunft als Geschenk und züchtete die Art bis 1963; es gibt aber keine Hinweise darauf, dass Nachkommen von dort in Liebhaberhände gelangten.

1964 wurden mit Hilfe eines Farmers 20 Degus bei der chilenischen Ortschaft Lampa gefangen und in die USA geschickt, von denen die meisten in amerikanischen Instituten gehaltenen Degus abstammen. Über den Tierpark Berlin-Friedrichsfelde (damals DDR) gelangten Degus in zwei Importen aus den USA nach Europa. Auf diesen Zuchtstamm gingen viele in deutschen Instituten, in Tiergärten und von Liebhabern gepflegte Degus zurück. Sie waren relativ klein, gedrungen, kurzköpfig und kurzschwänzig. Ihre Ohren waren dunkel; die graubraune Färbung der Oberseite ging fließend in das helle Grau der Unterseite über.

Degu-Wildfänge wurden Ende der achtziger bis Anfang der neunziger Jahre in großen Stückzahlen nach Deutschland und in die Niederlande importiert. Ihre Fangorte waren unbekannt. Diese Degus waren größer und lang gestreckter gebaut als die Labor-Degus und hatten längere Schwänze und Schädel. Ihre Ohren waren auffallend hell; die weiße bis gelblichweiße Unterseite war scharf abgesetzt von der gelb- bis orangebraunen Oberseite.

Liebhaber züchteten Degus bald in ausreichender Zahl, und die an Menschen gewöhnten Nachzuchten ließen sich besser verkaufen als die scheuen Wildfänge. Dadurch sank der Bedarf an Importen stetig, und heute dürften wohl keine Wildfänge mehr ins Land kommen.
Es wurde noch nicht geklärt, ob es sich bei den nach Europa gelangten Labor-

und Wildfang-Degus um verschiedene Unterarten oder sogar Arten handelte. Möglicherweise waren die Körpermerkmale der Labor-Degus schlichtweg nur eine Folge jahrzehntelanger Inzucht. Viele Degus in Liebhaberzuchten vereinen Merkmale beider Typen in sich und sind eventuell auf eine Vermischung der Zuchtstämme zurückzuführen. Immerhin ist aber nicht auszuschließen, dass sich unter den Wildfängen neben Gewöhnlichen Degus unerkannt auch Küsten-Degus befanden. (Unwahrscheinlich ist dagegen, dass auch Wald- und Pazifik-Degus nach Europa gelangten.)

Farbvarianten

Größen- und Färbungsunterschiede unter wild lebenden Degus können dadurch entstehen, dass sie in unterschiedlichen Lebensräumen oder Klimazonen leben. So zeigen Säugetiere in trockenen Lebensräumen meistens eine hellere Fellfarbe als Artgenossen in feuchten Klimaten. Neben den erwähnten Varianten der Wildfärbung (so genannte Agouti-Färbung) kennt man beim Degu nicht die von anderen Heimtier-Nagern gewohnte Palette von Farbschlägen, da die dafür notwendigen Mutationen mit einer Ausnahme noch nicht aufgetreten sind. Über Schwarze oder weiße Degus entstandene Gerüchte fanden keine Bestätigung. Bekannt wurde lediglich ein Fall aus den Niederlanden, wo ein normal gefärbter Degu allmählich weiß wurde (und blieb). Die Ursache dafür war wohl allerdings eine Stoffwechselstörung.

Der „blaue" Degu ist bislang der einzige, derzeit noch sehr selten gehaltene Farbschlag, dessen Färbung allerdings nur im Jugendfell wirklich spektakulär ist. Erwachsene „blaue" Degus zeigen eine graue bis bläulichgraue Färbung, ihnen fehlen alle braunen und gelben Farbnuancen der Wildfarbe. Jungtiere tragen ein attraktives silberblaues Fell. Die „blaue" Farbmutation wird rezessiv (verdeckt) vererbt.

Ein nur wenige Tage altes Jungtier des „blauen" Degus. Dieser Farbschlag zeigt nur während der Jugend das attraktive silberblaue Fell.

Lebensweise und

Verhalten

Leben im Familienverband

Lebensweise im Freiland

Gewöhnliche Degus *(Octodon degus)* besetzen in ihrer Heimat die ökologische Nische, die in anderen Erdteilen von Erdhörnchen eingenommen wird. Sie errichten unterirdische Höhlen und Gangsysteme, am liebsten im Schutz von Sträuchern, Hecken oder Felsen.

Als sehr soziale Tiere leben Degus in Familiengruppen von fünf bis zehn Tieren. Mehrere Weibchen können im gleichen unterirdischen Nest werfen, und alle Jungtiere mit dem gleichen Nestgeruch werden von allen Weibchen unterschiedslos gesäugt. Mehrere Familien bilden zusammen eine lockere Kolonie, in der allerdings jede Familie ein eigenes Territorium beansprucht. Solche Kolonien können mehrere Hundert Degus umfassen.

Nahrungssuche

Degus suchen ihre Nahrung, die fast ausschließlich aus Pflanzen und Pflanzenteilen besteht, hauptsächlich am Boden; daneben erklimmen sie Sträucher, um Laub zu fressen. Sie tragen Halme und Blätter als Nahrungsvorrat in ihre Wohnhöhlen und vergraben zum gleichen Zweck Samen in lockerem Boden.
Wenigstens ein Familienmitglied hält – meistens von einem erhöhten Punkt aus – Wache, während die übrigen auf Nahrungssuche gehen. Auf seinen Warnruf hin fliehen alle Degus in Hörweite in die Erdröhren, wobei ihr hochgebogener Schwanz mit seiner auffälligen Quaste als zusätzliches optisches Alarmsignal dienen mag. Ihre Feinde sind vor allem Füchse, Greifvögel und Eulen.

Degus sind tagaktiv mit Bevorzugung der Morgen- und späten Nachmittagsstunden, während viele andere Nagetiere ein Leben im Schutz der Nacht oder Dämmerung führen.

„Aufreiten" ist ein Freundschaftsbeweis unter Degus und leicht mit dem Paarungsverhalten zu verwechseln.

Freundschaftsgesten

Sich begegnende Degus begrüßen sich durch Nasen-Lippen-Kontakt und beknabbern sich oft gleich anschließend daran Kinn, Kehle, Wangen und Hals. Eine besondere Freundschaftsgeste ist ein Aufreiten, das der Paarungshaltung sehr ähnlich ist. Beim freundschaftlichen Aufreiten ist das Geschlecht der beiden Sozialpartner gleichgültig. Das aufreitende Tier beknabbert dabei das Rücken- und Nackenfell seines Artgenossen. Im Nest liegende Degus beknabbern ihren Artgenossen auch die Bauchseite, wozu diese sich mit allen Anzeichen des Behagens auf die Seite wälzen; Jungtiere werden von den Erwachsenen zum Beknabbern oft kurzerhand umgedreht.

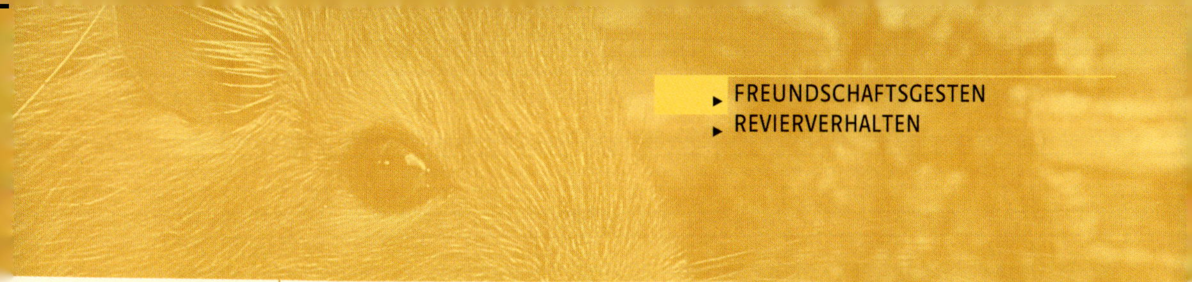

Revierverhalten

Das ranghöchste Männchen einer Familie errichtet neben dem Erdbau eine Art „Feldherrenhügel", auf dem es Gegenstände wie Rinden- und Aststücke zusammenträgt. Nach heftigen Revierkämpfen mit Nachbarmännchen wird dieser Hügel mit weiteren Materialien aufgestockt, so dass besonders ranghohe und damit erfolgreiche Männchen die auffallendsten Hügel besitzen. Wird der Hügel zerstört, verliert das besitzende Männchen sofort seinen Rang.

▸ **Duftmarken** aus Urin, die sie bevorzugt an exponierten Plätzen, z.B. auf Steinen, absetzen und regelmäßig erneuern, sind neben dem optischen Signal des „Feldherrenhügels" häufig benutzte Reviermarkierungsmittel. Auch der Sandbadeplatz der Degus wird mit Urin markiert. Mit den Duftmarken wird nicht nur der Landbesitz gegenüber benachbarten Degus abgegrenzt; sie dienen auch der individuellen Erkennung der Gruppenmitglieder.

egus suchen gern erhöhte ätze auf, um einen Überick über die Gruppenmitieder zu bekommen. iese Stellen werden auch äufig markiert.

Degu-Sprache

Viele Lautäußerungen sind sehr dezenter Natur und nur aus nächster Nähe zu hören.

Der Warnruf
Er ist zweisilbig und klingt wie ein schriller, wenn auch nicht übermäßig lauter Pfiff. Je nach Intensität des Rufes flüchten alle Degus schnellstens in ihre Verstecke oder lassen lediglich ihre gerade ausgeübte Tätigkeit ruhen und beobachten aufmerksam und fluchtbereit die Umgebung.
Männliche Degus rufen nach der Paarung häufig lang anhaltend; dieser Ruf ähnelt dem Warnruf, ist aber wesentlich leiser.

Ausdauernde, leise Trillertöne
Diese geben Degus beim freundlichen Kontakt untereinander sowie bei der Werbung und Paarung von sich.

Gedehntes Quäken
Degus wehren damit Artgenossen ab und es leitet oft einen kurzen Streit ein.

Fiepende Laute
Sie werden vor allem von Jungtieren abgegeben. Sie halten damit untereinander und mit ihrer Mutter Kontakt.

Degu-Männchen erkunden immer wieder ihr Revier, um den Konkurrenten ihre Position in der Gruppe deutlich zu machen.

Rangordnung

Männliche Degus leben in einem Rangsystem, das gelegentlich durch Neulinge oder heranwachsende Jungmännchen in Frage gestellt und durch Kämpfe neu geregelt oder verteidigt wird.
Ein durch Kampf entthrontes ranghohes Männchen kann auf den tiefsten aller Ränge absinken, wobei ihm der psychische Schock deutlich anzusehen ist: Es ist appetitlos, sondert sich von der Gruppe und ihren Aktivitäten ab und ist auch den Spielanträgen der Jungtiere gegenüber gleichgültig.
Ob auch weibliche Degus eine Rangordnung untereinander haben, bedarf noch genauerer Untersuchung; Kämpfe zwischen ihnen oder gar mit Männchen sind jedenfalls äußerst selten.

Drohgesten

Bevor es zu einem Streit kommt, drohen sich Degus mit leicht gesträubtem Fell an und stolzieren dabei mit hoch gewölbtem Rücken hochbeinig umeinander herum. Dabei können sie versuchen, sich mit einem Hinterfuß seitlich wegzustoßen. Unerfahrene heranwachsende Degus missachten diese Warngeste oft und provozieren dadurch unabsichtlich einen Angriff des drohenden Alttieres.
In der Regel genügt das Drohen, um Klarheit unter den Kontrahenten zu schaffen. Geben beide ihren Standpunkt nicht auf, kommt es zum Kampf.

Auseinandersetzungen

Zwei verschiedene Formen des Kampfes lassen sich beobachten.

Der Kommentkampf ist ein reines Kräftemessen ohne Verletzungsabsicht, meistens zwischen zwei annähernd gleich starken Gegnern, in de Regel zwischen zwei erwachsenen Männchen. Die Gegner stehen hoch aufgerichtet voreinander und versuchen sich gegenseitig mit den Vorderfüßen wegzudrücken. Die Zähn werden zwar entblößt, jedoch nicht benutzt. Gelegentlich springen die Degus aneinander hoch und trachten danach, den Gegner mit Fußtritten au dem Gleichgewicht zu bringen. Der Kampf endet meistens unvermittelt,

eine Flucht des Verlierers findet nicht oder nur symbolisch – durch Abwenden und langsames Entfernen – statt.
Der Sieger zeigt keine Verfolgungsabsichten, die Rangordnung ist geklärt; manchmal nur kurzzeitig, häufig auf Dauer.

Beim Beschädigungskampf sind die Kontrahenten darauf aus, sich gegenseitig zu verletzen und dadurch zu schwächen. Dabei jagen sich die Degus heftig und verbeißen sich ineinander. Dieser Kampf gipfelt in der Vertreibung des Unterlegenen und ist im Freiland zu diesem Zeitpunkt beendet.
Anders sieht es im Terrarium aus, in dem sich die Gegner nicht aus dem Weg gehen können.

Trennen von Degus

Im Terrarium verhindern die Scheiben eine Flucht und veranlassen den Sieger, weiterhin oder erneut anzugreifen.
Wird der Unterlegene, der laute, unmissverständliche Klagelaute von sich gibt, jetzt nicht aus dem Terrarium genommen, bringt ihm sein Gegner schwere Verletzungen bei. An diesen und/oder am durch die Bedrohung hervorgerufenen Stress kann das unterworfene Tier sterben.
Wenn der überlegene Degu in einer solchen Situation nicht von seinem Gegner ablässt, folgt er seinem angeborenen Verhaltensmuster und handelt nicht etwa aus Böswilligkeit. Er versteht nicht, dass sein Gegenüber nicht fliehen kann, sondern reagiert so, als wenn dieser nicht fliehen wolle.

Kein Ringkampf unter Degus, sondern ein freundschaftliches Beknabbern.

Es wäre völlig falsch, den „bösen" Degu „zur Strafe" herauszunehmen und seinen „armen" Artgenossen in der Gruppe zu lassen. Der Sieger des Kampfes verstünde nicht, dass er trotzdem seine Gruppe verliert, und erlitte dadurch einen psychischen Schock. Der Verlierer wiederum wäre dazu gezwungen, am Ort seines Schreckens zu bleiben und Angst zu leiden, sein übermächtiger Gegner könne dort jeden Augenblick wieder auftauchen.
Begeht man danach noch den Fehler, das ranghöhere Tier nach einer vermeintlichen ausreichenden „Strafzeit" wieder in die Gruppe zurückzusetzen, provoziert man einen erneuten, eventuell sogar noch heftigeren Kampf.

Wichtig

Auch ein wegen Verfolgung aus der Gruppe genommener Degu benötigt artgleiche Gesellschaft, man sollte also gleichzeitig noch ein zweites, am vorherigen Kampf unbeteiligtes Tier zu seiner Gesellschaft herausnehmen.

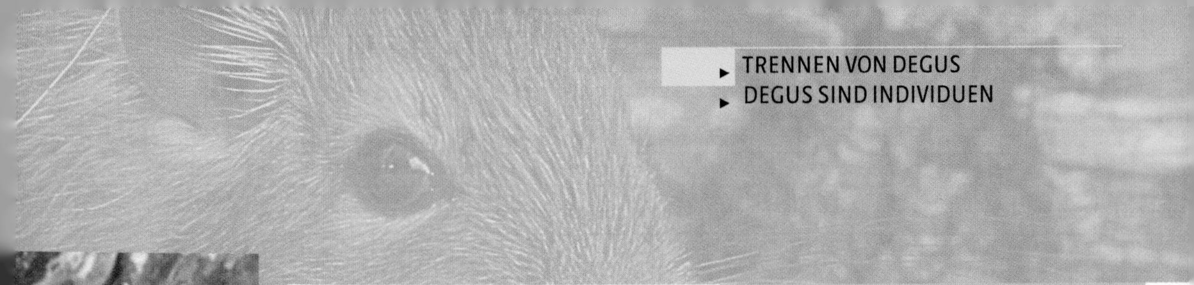

Degus sind nur zu zweit glücklich und sollten niemals alleine gehalten werden. Nur mit Artgenossen können die sehr sozialen Nager ihr umfangreiches Verhaltensrepertoire zeigen.

Degus sind Individuen

Das Verhalten von Tieren folgt zwar Grundregeln, kann aber sehr variieren. In Menschenhand zeigen Tiere häufig ein anderes Verhalten als im Freiland, und selbst dort kann es zwischen verschiedenen Wildpopulationen Verhaltensunterschiede geben. Nicht zuletzt verhalten sich Tiere auch individuell unterschiedlich.

Bei Degus ist zum Beispiel das Aggressionsverhalten erwachsener Männchen gegenüber Geschlechtsgenossen sehr variabel. Während manche Männchen - wie im Freiland - keine weiteren Männchen in ihrer Gruppe dulden, leben andere friedlich zu mehreren im selben Familienverband. Auch andere Verhaltensweisen sind individuell verschieden.

Viele Beschreibungen von Degu-Verhalten im vorliegenden Buch entstammen eigenen Beobachtungen der Autoren. Wegen individueller Unterschiede der Tiere und ihres Verhaltens kann es kein allgemein gültiges „Rezept" für die Degu-Haltung geben, und aus dem gleichen Grund kann es durchaus zu abweichenden Beobachtungen kommen.

Unterbringung und

Zubehör
Degus im neuen Zuhause

Naturmaterialien zum Benagen sind für Degus eine sehr interessante Beschäftigungsmöglichkeit.

Gesellige Degus

Degus sind äußerst soziale Tiere, die untereinander in einer ausgeprägten Laut- und Körpersprache kommunizieren. Man könnte sie als abhängig von arteigener Gesellschaft bezeichnen. Aus diesem Grund müssen Degus mindestens zu zweit gehalten werden.

Zahm wird ein Degu nicht schneller oder besser, wenn man ihn einzeln hält, und er schließt sich dem Menschen dann auch nicht enger an. Es ist sogar eher möglich, dass er sich ihm gegenüber verschließt, scheu oder apathisch wird.

Artgerecht zu zweit oder in einer Gruppe gehaltene Degus schließen ihren Pfleger zwar nicht in ihre Familie ein, suchen aber gern den Kontakt zu ihm.

Männchen oder Weibchen?

Will man nicht eines Tages unerwünschten Nachwuchs, sollte man auf die Haltung gleichgeschlechtlicher Tiere ausweichen. Zwei (oder mehr) Männchen vertragen sich genauso gut miteinander wie zwei (oder mehr) Weibchen. Voraussetzung ist natürlich, dass das Geschlecht beim Kauf richtig bestimmt wird.
Die Zähmung von Degus hängt nicht vom Geschlecht ab. Beide Geschlechter lassen sich gleich gut zähmen.

Wichtig

Es gibt keinen vernünftigen Grund, einen Degu einzeln zu halten oder mit einem artfremden Tier zu vergesellschaften. Kein noch so einfühlsamer Mensch kann die Vielfalt von Kommunikation und Körperkontakten bieten, die ein Degu zu seinem Wohlbefinden benötigt.

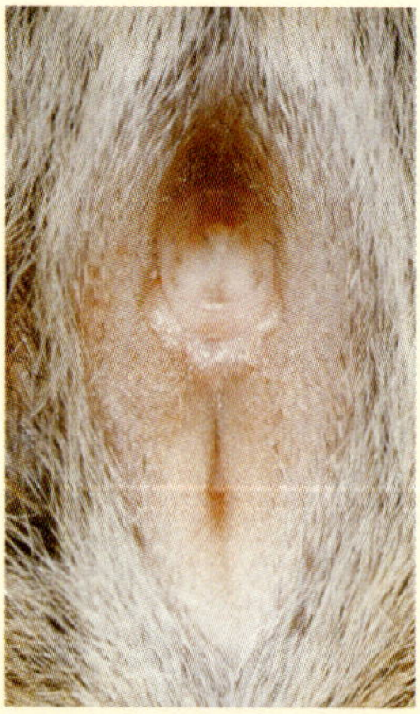

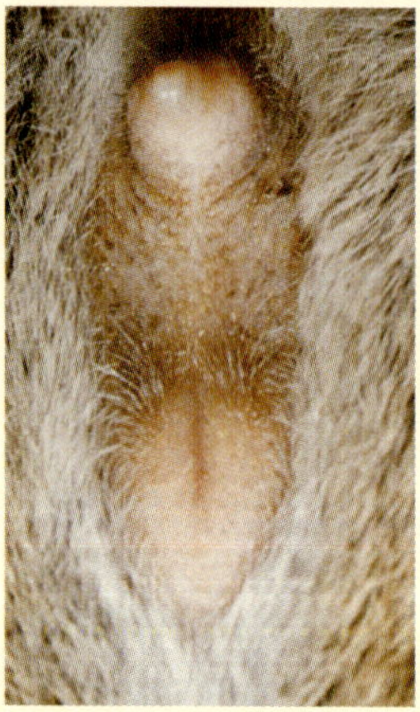

(Oben) Weiblicher Degu.
(Unten) Männlicher Degu.

Der kleine Unterschied

Weibchen: Die Afteröffnung befindet sich wenige Millimeter unter dem erwähnten „Nippel", in dem die Harnröhre verläuft. Zwischen beidem liegt als Querschlitz die Scheidenöffnung. Diese ist jedoch im Normalzustand fest verschlossen und schwer erkennbar; sie öffnet sich nur bei Paarungsbereitschaft.

Männchen: Im unwesentlich größeren „Nippel" verbirgt sich der Penis. Der Abstand zwischen diesem und der Afteröffnung beträgt etwa einen Zentimeter, und zwischen beiden verläuft in Längsrichtung eine Hautfalte.

Neugeborene: Auch sie lassen sich bereits sicher geschlechtsbestimmen. Penis und After weisen schon hier bei den Männchen einen deutlichen Abstand auf, während bei den jungen Weibchen der „Nippel" und die Afteröffnung eng beieinander auf einem kleinen Hügel liegen.

Solch ein Käfig ist sehr gut für kurze Transporte, z.B. zum Tierarzt, geeignet.

Gesetzliche Bestimmungen

Degus sind trotz teilweise generationenlanger Zucht in Menschenhand keine domestizierten Tiere, sondern echte Wildtiere. Sie fallen allerdings nicht unter Artenschutzbestimmungen, und es gibt keinerlei gesetzliche Einschränkungen für die private Haltung undZucht

Das Aussetzen von fremdländischen Tierarten – und damit auch Degus – in unsere heimische Natur ist allerdings gesetzlich verboten. Eine solche Faunenverfälschung kann dazu führen, dass sich eine fremde Tierart nicht nur etabliert, sondern sogar heimische Arten verdrängt und zu einer Plage wird. Diese Gefahr wäre beim Degu durchaus gegeben, da er in unserem Klima zurechtkommt und sehr anpassungsfähig ist.

Durch das Mietrecht darf die Haltung von Degus wie auch die Haltung anderer kleiner „Käfigtiere" nicht untersagt werden, solange sie den Hausfrieden nicht stören oder die Wohnsubstanz beschädigen.

Anschaffung

Ideal sind sechs bis zwölf Wochen alte Nachzuchten von handzahmen Elterntieren. Jüngere Degus sind noch nicht völlig entwöhnt. Mit Ruhe und Geduld lassen sich aber auch scheue oder ältere Degus fast immer zähmen.

Aus Ästen, Wurzeln und Steinen lassen sich tolle Verstecke errichten. Mit diesen Materialien kann ein Degu-Heim abwechslungsreich gestaltet werden.

▸ **Gesunde Degus** sind spätestens dann hellwach, wenn man ihren Käfig oder ihr Terrarium öffnet. Sie richten sich häufig auf den Hinterbeinen auf und interessieren sich mit einer Mischung aus Neugier und Furcht für alles, was um sie herum vor sich geht (siehe Krankheitssymptome S. 51).

▸ **Für den Heimtransport** sollte man eine der in verschiedenen Größen angebotenen, transparenten Kunststoffboxen mit Gitterdeckel und Henkel erwerben, da sich Degus durch einen Pappkarton in Minutenschnelle hindurchnagen können. Sie leistet auch später noch gute Dienste, wenn man die Degus während der Käfigreinigung auf Nummer sicher wissen will oder mit ihnen zum Tierarzt muss.

Ein Zuhause für Degus

Metallgitter, Plastik, Glas und Holz stehen als Materialien für die Unterbringung von Nagetieren zur Verfügung. Davon ist Plastik für die Haltung von Degus völlig unbrauchbar, da er für ihre starken Nagezähne kein Hindernis darstellt und verschluckte Splitter tödliche innere Verletzungen hervorrufen können. Deshalb sind auch handelsübliche Kleintierkäfige mit Plastik-Bodenwannen ungeeignet.

Wichtig
Etagenböden dürfen nicht aus Gitter bestehen, da die Verletzungsgefahr für die Degus sehr groß ist.

Zimmervolieren

Der Handel bietet Zimmervolieren für Großsittiche und Streifenhörnchen an, deren Wanne aus stabilem Metall gefertigt ist. Diese Volieren sind bedingt auch für Degus verwendbar. Ein eventuell waagrecht über der Bodenwanne angebrachter Gitterrost muss allerdings entfernt werden, da sich Degus beim unnatürlichen Laufen auf Gitter schwere Fußerkrankungen zuziehen können.

Ein Haus aus Holz

Normales Holz wird meistens schnell zernagt. Mit sauberen Schnittkanten verarbeitete, kunststoffbeschichtete Spanplatten können jedoch zum Eigenbau von Degu-Terrarien oder -käfigen verwendet werden. An ihrer glatten Oberfläche finden selbst Degu-Zähne keinen Ansatzpunkt zum Nagen, und sie lassen sich gut reinigen. Alle Kanten müssen jedoch durch Glas oder Metall geschützt werden. Holz bietet den Vorteil, Einrichtungsgegenstände festschrauben und an beliebigen Stellen zusätzliche Etagen oder Lüftungsgitter anbringen zu können.

Ein Haus aus Glas

Glas ist selbst für Degus unzernagbar, gewährt einen guten Blick auf die Tiere und lässt sich leicht reinigen; bei ausreichender Belüftung gilt ein Terrarium deshalb als optimale Unterbringung für Degus. „Terrarium“ steht in diesem Buch allgemein für die Haltung hinter Glas, gleich ob es sich um ein „richtiges“ Glasterrarium mit Schiebescheiben, ein zweckentfremdetes Aquarium oder einen hölzernen Eigenbau mit Frontscheibe handelt.

Terrarien

Der große Pluspunkt bei einem Terrarium, wie es für die Haltung von Reptilien im Handel erhältlich ist, ist die günstigere Handhabung der Tiere. Bei Nagetieren ist es von Vorteil, wenn man in deren Behausung nicht von

Ob sie durch „Rinden-Tunnels" kriechen (links), oder über Äste klettern – die kleinen Nager sind immer in Bewegung.

oben (wie in einem Aquarium), sondern von vorn hereingreift, wie dies in einem Terrarium mit Schiebescheiben möglich ist. Die von oben kommende Hand passt nämlich für den Nager in das Schema „Greifvogel", die Zähmung kann länger dauern.
Handelsübliche Terrarien sind nicht für Nagetiere gebaut und bergen daher für deren Haltung mehrere Schwachpunkte:

1. Sie weisen zwei Lüftungsöffnungen aus feinem Gitter auf, die einen guten Luftaustausch gewährleisten sollen. Dieses Gitter besteht häufig aus Drahtgaze (Fliegengitter), die von einem Degu problemlos durchgebissen werden kann.

2. Stabilere Gitter können von den Nagern abgelöst werden, indem die zur Befestigung dienenden Silikonstreifen oder Kunststoffschienen zernagt werden.

Auf die gleiche Weise werden auch die in der Regel aus Kunststoff bestehenden Führungsschienen der Schiebescheiben zerstört, was zu Unfällen durch kippende Glasscheiben führen kann.

3. Wenn die untere Lüftungsfläche waagrecht hinter den Schiebescheiben liegt und somit belaufen werden kann, kann ein Degu beim Abspringen mit den Krallen im Gitter hängen bleiben.

Vorsicht

Degus neigen dazu, aus Langeweile oder Stress an Gitterstäben zu nagen. Sie verursachen dabei nicht nur erheblichen Lärm, sondern können sich auch Maulverletzungen zuziehen.

Das Degu-Heim sollte so geräumig sein, dass auch Einrichtungsgegenstände wie diese Wurzel ausreichend Platz haben.

„Richtige" Terrarien sind für die Degu-Haltung nur brauchbar, wenn sie große, unzernagbare, ausschließlich senkrecht oder unter der Decke angebrachte Lüftungsgitter besitzen und die Führungsschienen der Scheiben durch einen schmalen, innen angebrachten Glasstreifen geschützt werden. Solche Terrarien sind nur als Sonderanfertigungen über den Fachhandel zu beziehen, können dann allerdings auch nach Wunschmaß gebaut werden.

Aquarien

Der Vorteil eines Aquariums ist, dass es ohne aufwändige Sicherungen für die Degu-Haltung brauchbar ist. Verwenden lassen sich nur rahmenlose Aquarien; bei den altbekannten Rahmenaquarien wurden die Scheiben mit bleihaltigem Kitt eingesetzt, der Degus beim unvermeidlichen Herausnagen aus den Fugen vergiftet. Das Silikon, mit dem die Scheiben der rahmenlosen Becken verklebt sind, ist hingegen für die Tiere unschädlich.

Ein Aquarium muss mit einer Abdeckung aus unzernagbarem Gitter versehen werden. Da es diese nicht zu kaufen gibt, ist handwerkliches Geschick gefragt. Handelsübliche Aquarienabdeckungen mit integrierter Beleuchtung verhindern eine ausreichende Frischluftzufuhr und sind deswegen für Nagetiere ungeeignet. Auch Aquarien können nach Maß angefertigt werden.

Belüftung

Aquarien werden häufig als ungeeignet für die Nagerhaltung bezeichnet, da

sich in ihnen die schlechte Luft stauen soll. Andererseits sind die darin befindlichen Tiere genauso zugluftgefährdet wie in einem Käfig, was zeigt, dass im Aquarium durchaus eine Luftbewegung stattfindet.
Unzählige Nagetiere unterschiedlichster Arten werden problemlos und bei bester Gesundheit in Aquarien gehalten; in den USA z.B. sind Terrarien mit Schiebescheiben selbst bei Reptilienliebhabern wenig verbreitet.

▸ **Das Belüftungsprinzip** eines für Reptilien konstruierten „richtigen" Terrariums mit seinen verhältnismäßig kleinen Lüftungsflächen ist darauf angelegt, dass die durch eine Beheizung erwärmte Luft durch die obere Lüftungsöffnung austritt und frische Außenluft durch die untere Öffnung ansaugt. Degus benötigen allerdings keine Beheizung, haben zudem einen wesentlich schnelleren Stoffwechsel als Reptilien und erzeugen mehr verbrauchte Luft.

▸ **Bei schlechter Raumbelüftung** wird die Luftbewegung bei beiden Arten der Unterbringung unterdrückt, und zusammen mit zu selten gewechselter, feuchter Einstreu kann der Luftstau ein ideales „Treibhaus" für Pilzsporen und andere Krankheitskeime bilden. Es handelt sich also mehr um ein Hygiene- als um ein Konstruktionsproblem.

Raumbedarf

Um Degus artgerecht halten zu können, muss man ihnen ausreichend Platz für eine entsprechende Einrichtung ihrer Unterkunft bieten. Da die handelsüblichen Aquarien und Terrarien unterschiedliche Normmaße haben, sei an dieser Stelle keine Kantenlänge, sondern ein Flächenmaß genannt.

▸ **Die Mindestgrundfläche** für die Haltung liegt bei 0,4–0,5 m^2. Auf dieser Fläche finden bis zu fünf Degus ausreichend Platz. Alle kleineren Grundflächen sind nicht für eine dauerhafte Haltung geeignet. Je größer das Terrarium, desto besser; zu groß kann die Unterkunft für Degus nie sein.

▸ **Die erforderliche Höhe** ist von der Art der Unterbringung abhängig. Ein Aquarium von der angegebenen Grundfläche darf nicht niedriger als 40 cm sein, um es mit Klettermöglichkeiten ausstatten zu können, und nicht höher als 50 cm, um eine ausreichende Belüftung zu gewährleisten. Bei einem eigentlichen Terrarium mit großen (!) Lüftungsflächen ist dagegen auch eine wesentlich höhere Bauweise möglich. Durch den Einbau von Etagen lässt sich die nutzbare Fläche noch vergrößern. Diese sollten nicht zu großflächig sein, um den Luftaustausch vor allem in den unteren Bereichen auf keinen Fall zu behindern.

Wichtig

Ein Aquarium als Degu-Heim darf im Verhältnis zu seiner Grundfläche nicht zu hoch sein, um einen guten Luftaustausch zu gewährleisten.

Verstecke, Kletterspaß und Tunnelerlebnis

1

Als Verstecke sind Nymphensittich-Nistkästen oder Meerschweinchenhäuschen aus Holz (auf keinen Fall aus Kunststoff!) zwar geeignet, werden aber schnell zernagt.

2

Ein tolles Versteck ist eine über zwei Ziegelsteine gelegte Steinplatte. Steinaufbauten müssen natürlich so gut gesichert sein, dass sie nicht zusammenrutschen und die Tiere erschlagen können.

4

Große Steine, dicke Äste und Wurzeln sind hervorragende Klettermöglichkeiten. Besonders gut eignen sich die harten, als Aquarienzubehör im Zoofachhandel erhältlichen Mopani-Wurzeln (Savannenholz). Steine, Äste und Wurzeln dienen zudem als Sichtblenden, so dass sich streitende Tiere aus den Augen gehen können.

5

Der Zoofachhandel bietet auch Tonröhren an, die von Degus als Ersatz für selbst gegrabene Erdröhren gern genutzt werden.

3

Röhren aus Korkrinde sind beliebte Verstecke, fallen aber schnell den Nagezähnen zum Opfer.

Check Standortwahl
Vermeiden Sie dabei

- Zugluft
- Überhitzung
- Hohe Luftfeuchtigkeit
- Kochdünste
- Lärm, laute Musik
- Starken Tabakrauch

Der richtige Standort

Degus lieben es, von erhöhten Punkten aus Ausschau zu halten. Das Terrarium sollte schon deshalb nicht auf dem Fußboden, sondern in üblicher Tischhöhe platziert werden.

Dankbar sind Degus dafür, wenigstens einmal täglich etwas Sonne zu bekommen, da sie Sonnenbäder genießen. Ein Standort an einem Ost- oder Westfenster ist daher optimal. An Südfenstern (und über Heizkörpern) kommt es schnell zu einer für die Tiere lebensgefährlichen Überhitzung. Obwohl Degus in ihrer Heimat auch trocken-heiße Lebensräume bewohnen, suchen sie dort in der Zeit größter Hitze ihre kühlen Erdlöcher auf. Diese Möglichkeit haben sie im Terrarium nicht.

Wird das Terrarium mit schwerem Dekorationsmaterial wie Steinen eingerichtet, sollte es nicht auf nacktem Holz stehen, sondern eine Unterlage aus Schaumstoff oder Styropor bekommen. Andernfalls kann ein einziges Sandkörnchen zwischen Bodenscheibe und Holzplatte bei Belastung zu so starken Spannungen führen, dass die Scheibe springt.

1

2

3

Wichtig

Da die Tiere ihr Sandbad mit Urin markieren und auch gelegentlich Kot darin absetzen, muss der Sand regelmäßig ausgewechselt werden.

Laufräder

Laufräder stoßen bei den bewegungsfreudigen Nagern zwar prinzipiell auf begeisterte Nutzer, doch sind praktisch alle im Handel erhältlichen Modelle ungeeignet. Ein für Degus brauchbares Laufrad sollte speichenlos sein, aus unzernagbarem Material bestehen sowie eine geschlossene Lauffläche und den Durchmesser eines Zehn-Liter-Eimers haben.

Die meisten handelsüblichen Laufräder sind viel zu klein und erzwingen eine unanatomische und auf Dauer schädliche Körperhaltung. Gitterlaufflächen und Speichen sind Fallen für Füße und Schwänze; der laufende Degu kann zwar selbst ein Einklemmen vermeiden, aber nicht verhindern, dass ein „zusteigender" Artgenosse das Rad im ungünstigsten Moment anhält. Zudem können sich Degus beim unnatürlichen Laufen auf Gitterrosten Fußverletzungen zuziehen.

Einstreu und Nistmaterial

Als Einstreu dient handelsübliche Kleintierstreu aus Hobelspäne. Noch besser geeignet ist die für Labortiere entwickelte Streu aus Holzgranulat, da sie wesentlich staubfreier und dadurch für die Atemwege von Mensch und Tier gesünder ist. Diese Streu ist allerdings nur in wenigen Geschäften erhältlich (eventuell auf Bestellung).

Badespass in Sand

Obwohl sie Sandbäder nehmen, sollte man Sand aus hygienischen und Gewichtsgründen nicht als Einstreu für Degus nehmen. Glasscheiben werden außerdem durch Sand schnell verkratzt.

Für ein Sandbad benutzt man eine schwere Schale aus unzernagbarem Material, in der ein Degu bequem Platz findet, füllt sie mit Chinchilla- oder Vogelsand und stellt sie einmal täglich

4

1 *Stellt man das Sandbad täglich für kurze Zeit ins Terrarium ...*

2 *... wird es immer wieder aufs Neue neugierig beäugt.*

3 *Es ist kein überflüssiger Luxus, sondern sehr wichtig für die Fellpflege –*

4 *und ein Genuss für Degus.*

Check Zubehör
Das darf im Degu-Heim nicht fehlen

▸ Versteckmöglichkeiten	Tonröhren, Steinhöhlen, Rinde
▸ Klettermöglichkeiten	Steine, Äste, Wurzeln
▸ Nagemöglichkeiten	Äste
▸ Einstreu, Nistmaterial	Heu, Stroh
▸ Sandbad	Chinchilla- oder Vogelsand
▸ Futter- und Wassergefäße	Steingut, Trinkflaschen (wenn außen befestigt)

für eine Viertelstunde ins Terrarium. Eine genügend große Stellfläche muss also stets vorhanden und frei von Dekorationsmaterialien sein. Ein ständig vorhandenes Sandbad wird von den Tieren schnell verscharrt und erfüllt dann seinen Zweck nicht mehr.

Heu und Stroh

Kommen jetzt noch ein paar Handvoll Heu oder Stroh als Nistmaterial hinzu, ist das Degu-Terrarium artgerecht eingerichtet. Für die Gemütlichkeit sorgen die Degus selbst, indem sie ihr Nest nach eigenen Vorstellungen verlegen oder die Einstreu von einer Ecke in die andere umschichten – eine hervorragende und vor allem natürliche Beschäftigung für sie.

Richtig halten und

pflegen
Großputz bei Degus

Körperpflege

Degus verursachen nur geringen Pflegeaufwand.
Für ihre Körperpflege sorgen Degus selbst, sie müssen weder gebürstet noch gebadet werden. Eine Einrichtung des Terrariums mit Steinen und Ästen sowie eine artgerechte Ernährung sind die beste Vorbeugung zur Vermeidung überlanger Krallen und Zähne.

Tägliche Kontrolle

Zu den täglichen Pflegearbeiten gehören neben der Fütterung mit Grünfutter das Erneuern des Trinkwassers und das Herausnehmen von Grünfutterresten. Falls aufgebraucht, müssen auch Hauptfutter und Heu gereicht werden.

Wöchentliche Kontrolle

Wenn die Einstreu nicht durch Trinkwasser oder übermäßige Urinabgabe der Tiere (siehe hierzu auch Gesundheitsprobleme auf S. 51) durchfeuchtet ist, reicht es, sie einmal pro Woche zu wechseln. Ebenfalls wöchentlich sollten Futter- und Wassergefäße mit warmem Wasser gereinigt werden. Futternäpfe müssen vollständig trocken sein, bevor sie wieder mit Degufutter gefüllt werden.
Verunreinigte Gitter-, Glas- und Holzflächen werden ebenfalls wöchentlich mit warmem Wasser gründlich gesäubert.

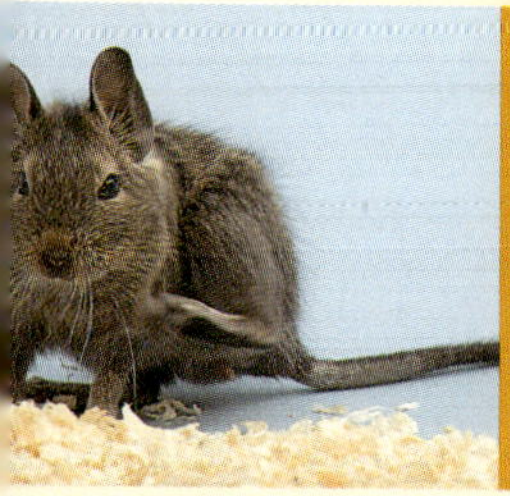

Degus markieren ihrem natürlichen Verhalten folgend erhöhte Punkte ihres Territoriums mit Urin, so auch Äste und Steine im Terrarium. Äste, die sich nur schwer reinigen lassen, sollte man daher regelmäßig auswechseln. Steine und Wurzeln können – wiederum mit warmem Wasser – mit einer Nagelbürste gesäubert werden. Man versetzt Degus allerdings in einen psychischen Stresszustand, wenn man alle geruchlichen Besitzansprüche entfernt, und regt sie damit zu noch intensiverem Markieren an. Es empfiehlt sich deshalb den Tieren zuliebe, nicht die übertriebenen menschlichen Hygienemaßstäbe anzulegen. Die Einrichtungsgegenstände sollten deshalb nur grob bzw. nicht alle gleichzeitig gereinigt werden. Zu den natürlichen Verhaltensweisen der Degus zählt auch das Markieren ihres Sandbades mit Urin. Da alle Degus einer Familie die gleichen Stellen zum Sandbad benutzen, verteilen sich die Duftmarken auf die Felle aller Gruppenmitglieder und erzeugen so einen geruchlichen „Familienausweis".

Wichtig

Scharfe Desinfektionsmittel dürfen nicht verwendet werden, sie verätzen die Schleimhäute der Degus!

Tipp

Mit der ersten Kontaktaufnahme sollte man sich ein paar Tage Zeit lassen, bis sich die Degus an ihr neues Zuhause gewöhnt haben.

Eingewöhnung

Neu erworbene Degus sind zunächst in der neuen Umgebung verwirrt und scheu. Man sollte sie nicht aus dem Transportkäfig herausfangen, sondern diesen in das Terrarium stellen und abwarten, bis die Tiere von selbst herauskommen. Dann überlässt man die Degus vorerst sich selbst.

Zuerst werden sie in einem Versteck verschwinden und von dort aus argwöhnisch die neue Umgebung betrachten, Gerüche und Geräusche aufnehmen. Wenn sie merken, dass ihnen keine Gefahr droht, machen sie sich daran, ihr neues Territorium zu untersuchen. Sie nagen hier, scharren dort und markieren vielleicht schon einzelne Punkte mit Urintröpfchen.

- **Nur die nötigsten Pflege- und Kontrollarbeiten** werden innerhalb der Eingewöhnungszeit verrichtet. Dabei und auch beim Aufenthalt in der Nähe des Terrariums sollten heftige Bewegungen sowie laute und plötzliche Geräusche vermieden werden.

- **Die erste Reinigung** des Terrariums sollte auch noch nicht in der ersten Woche durchgeführt werden, um die Degus nicht gleich wieder zu erschrecken. Nach zwei Wochen sind die Tiere schon wesentlich gelassener, und manche Degus lassen sich sogar schon in den Transportkäfig locken, in dem sie während der Säuberungsaktion untergebracht werden. Hilfreich ist es dabei, in diesen Käfig ein wenig alte Einstreu zu legen, die vertraut riecht.

Zähmung

Aus einer Liebhaberzucht bezogene Jungtiere sind schon an die Gegenwart von Menschen oder sogar an Berührungen gewöhnt und werden daher in der Regel schneller zahm – es sei denn, sie haben schlechte Erfahrungen mit Menschen gesammelt. Die natürliche Neugier der Degus bildet eine gute Grundlage für die Zähmung.

Degus sind in einer neuen Umgebung zuerst noch scheu und verstecken sich unter Steinen oder hinter Wurzeln. Es dauert aber nicht lange, dann gehen sie auf erste Erkundungsausflüge.

An das Fressen aus der Hand gewöhnt sich ein Degu am schnellsten, indem man ein Futterstück bewegungslos ins Terrarium hält. Anfangs flüchten die Degus noch; bald aber siegt die Neugier, und die Tiere nähern sich mit gespannt lang gestreckten Körpern. Sie beschnuppern die Hand und knabbern eventuell zart an der Haut, um diesen merkwürdigen Gegenstand zu untersuchen. Früher oder später merken sie, dass ihnen keine Gefahr droht, und interessieren sich nur noch für das angebotene Futterstück. Falls sie das Futter zwischen den Fingern herausziehen und damit zu ihrem Lieblingsfressplatz laufen, sollte man es mit einem zweiten Stück versuchen. Meistens kommen Degus zurück und prüfen, ob noch mehr zu holen ist. Nach dem dritten oder vierten Happen ist die Übung vorerst beendet.
Nach einigen dieser Übungen wird sich der Degu vor oder sogar schon auf die Hand setzen und das Futter zwischen den Fingern herausknabbern.
Er erschrickt dann auch kaum noch, wenn man die Finger sachte bewegt.

Degus lernen sehr schnell, aus der Hand zu fressen.

Die Hand als Klettergerüst

Es ist übrigens möglich, Degus auch ohne Fütterung an die Hand zu gewöhnen, indem man sie ihnen einfach bewegungslos als Sitz- und Klettermöglichkeit ins Terrarium legt. Dazu gehören allerdings noch mehr Ruhe und Geduld als bei der Zähmung durch Futter.

Behutsames Umfassen beruhigt den Degu, festes Zugreifen ängstigt ihn.

Wichtig

Degus sind wegen ihres quirligen Wesens keine Tiere für kleine Kinder und vor allem keine lebenden Spielzeuge!
Es bereitet Degus Schmerzen, wenn man sie am Nakkenfell anhebt. Auch der Schwanz darf nicht zum Festhalten oder Hochheben dienen, er kann dabei leicht brechen oder abreißen.

Streicheleinheiten

Nur völlig vertraute Degus erlauben es, dass man sie berührt und streichelt. Ein voreiliger Versuch oder eine einzige falsche Bewegung kann dazu führen, dass der gesamte Zähmungsprozess umsonst war und neu begonnen werden muss. Erst wenn sich Degus nicht mehr durch Bewegungen stören lassen und ohne Anzeichen von Angst auf der Hand umherlaufen und -klettern, kann man sie als handzahm bezeichnen. Meistens wird ein besonders mutiger oder neugieriger Degu schneller zahm als seine Artgenossen. Man sollte seine Zähmungsbemühungen dann ruhig auf dieses Tier konzentrieren, da die anderen Degus bald dessen Beispiel folgen und sich von der Vertrautheit ihres „Vorreiters“ anstecken lassen.

Degus vorsichtig hochheben

Ein handzahmer Degu lässt sich meistens durch einen Griff um den Körper hochheben. Man muss ihn dann aber gleich auf die Hand oder den Arm setzen, um die Beine abzustützen und zu verhindern, dass ihm die Luft abgedrückt wird. Trächtige Weibchen sollten nicht auf diese Weise hochgehoben werden.
Viele Degus mögen den Griff nicht, da er ihrem natürlichen Instinkt zufolge den Angriff eines Fressfeindes darstellt Sie versuchen zu entkommen, führen abwehrende Tritte aus oder verteilen sogar Bisse. Besser und mit weniger Aufregung für beide Seiten verbunden

ist es, die beiden aneinander gehaltenen Hände unter den Degu zu schieben und ihn damit hochzuheben (so, als wenn man Wasser mit den Händen schöpft).

Handzahme Degus klettern von sich aus auf die Hand und können auf diese Weise aus dem Terrarium gehoben werden. Im Allgemeinen bleiben sie ruhig auf der Hand oder dem Arm sitzen und versuchen nicht, herunterzuspringen. Scheue Degus fängt man am besten ein, indem man sie in ein Behältnis treibt (zum Beispiel in eine Teedose oder in eine stabile Pappröhre).

Beschäftigung macht glücklich

Degus balgen und jagen sich gern spielerisch. Wie viele andere Tiere auch, spielen sie „King of the Hill“, indem sie versuchen, einen erhöhten Punkt zu besetzen und gegen ihre Spielpartner zu verteidigen. Immer wieder werden Spiele unterbrochen für soziale Fellpflege, mit der sich Degus ihre Freundschaft bekunden.
Ein aufmerksamer Beobachter lernt beim Zusehen, mit welcher Art von Spiel er seinen Degus Spaß bereiten kann. Dabei dient die Hand als „Ersatz-Degu“.

Tipp

Kraulen mit den Fingerspitzen ist den Tieren wesentlich angenehmer als Streicheln mit der flachen Hand.
Mit den Fingerspitzen kann das sanfte Beknabbern der Degus untereinander nachgeahmt werden.

Ein abwechslungsreich gestaltetes Terrarium bietet den Degus viele Beschäftigungsmöglichkeiten. Langeweile kann hier nicht aufkommen.

Neugier ist eine der ausgeprägtesten Eigenschaften eines Degus.

Freilauf im Zimmer

Frei laufende Degus untersuchen jede Ecke, jede Spalte und jedes zum Benagen reizende Objekt – und das ist praktisch alles, was in einem menschlichen Wohnraum steht oder liegt, egal ob Buchrücken, Fußleiste oder Stromkabel. Man kann ihnen das arttypische Nagen nicht aberziehen. Also muss man sie beim Freilauf ständig im Auge behalten und eingreifen, sobald sie zu nagen beginnen. Ein derartiges gegenseitiges Beobachten und Argwöhnen bringt aber weder dem Degu-Halter noch dem Degu selbst Spaß. Zudem denken die Tiere oft nicht daran, sich hinterher wieder in das Terrarium zurücksetzen zu lassen, was in eine für beide Seiten entnervende Fangaktion ausartet.

Besser ist es, den Degus ein möglichst großes und vor allem interessant eingerichtetes Terrarium zu bieten. Vielfältiges, abwechslungsreiches Nagematerial wie Äste, Pappschachteln und -rollen sowie Beschäftigungsfutter (siehe S. 48) lassen keine Langeweile aufkommen. Für die notwendige Bewegung sorgen Degus dann selbst und ohne dem Wohnraum ihres Besitzers oder gar ihrem eigenen Leben (zum Beispiel durch Nagen am Stromkabel) zu schaden. Das schließt nicht aus, dass man handzahme Degus herausnehmen und sich mit ihnen auf das Sofa setzen kann.

Check Freilauf
Mögliche Gefahren

- Benagen von Stromkabeln
- Ertrinken in wassergefüllten Gefäßen (z.B. Vasen, Wischeimer)
- Stürze von Möbelstücken
- Versehentliche Tritte
- Einklemmen in der Tür
- Entlaufen durch offene Fenster und Türen
- Verletzungen durch Hunde oder Katzen

Degus und andere Heimtiere

Die Gemeinschaftshaltung von Degus mit anderen Kleintieren im gleichen Käfig ist nicht zu empfehlen. Zu leicht kann es zu Streitigkeiten kommen, da sich verschiedene Tierarten untereinander „sprachlich“ missverstehen.

Chinchillas werden häufig mit Degus zusammen gehalten, obwohl es für eine solche Vergesellschaftung keinen vernünftigen Grund gibt. Dass dies nicht den Tieren, sondern nur ihrem Halter zuliebe geschieht, zeigt die Beobachtung der Chinchillas in solchen Zwangs-Wohngemeinschaften. Den mit weniger Bedürfnis nach Körperkontakt ausgestatteten und tagsüber sehr ruhebedürftigen Chinchillas gehen die Degus häufig regelrecht auf die Nerven.

Begegnung mit anderen Nagetieren oder Zwergkaninchen außerhalb des Terrariums, z.B. beim Freilauf, stellt normalerweise kein Problem dar. Goldhamster als ausgeprägte Einzelgänger schätzen allerdings die für ihre Begriffe aufdringlichen Kontaktversuche von Degus nicht und können aggressiv reagieren.

Bei Katzen und Hunden können die flinken Nager den natürlichen Beutefangreflex des Raubtieres auslösen. Die Jagd auf Kleintiere liegt vor allem vielen der heutzutage als Familienhunde gehaltenen Terrier-Rassen im Blut, da sie ursprünglich zur Rattenbekämpfung gezüchtet wurden. Selbst bei friedlichen Hunden und Katzen kann schon ein spielerisch gemeintes Zuschnappen oder ein Tatzenschlag einen Degu tödlich verletzen. Wenn Degus Freilauf haben, sollten Katzen und Hunde deshalb vorsichtshalber nicht im selben Zimmer sein.

Äste von ungespritzten Obstbäumen eignen sich als tolles Nagematerial. Durch das Nagen werden die Zähne immer wieder abgenutzt.

Setzt man einen Degu zu einem Einzeltier oder zu einer Gruppe hinzu, so sollte dies auf einem für alle Tiere fremden Territorium geschehen

Unser Degu bekommt Gesellschaft

Haben Sie bereits einen Degu und möchten ihm einen Partner zugesellen, dann ist das ohne weiteres möglich, wenn man einige Punkte beachtet.
Ein neu erworbener Degu darf jedoch auf keinen Fall gleich zu einem bereits vorhandenen Artgenossen in dessen Terrarium gesetzt werden.
Freilich sind Degus sehr soziale Tiere, doch beschränkt sich ihre Zuneigung auf Mitglieder der eigenen Familie. Innerhalb einer Degu-Gruppe erkennen sich die Individuen am Geruch und festigen ständig durch Freundschaftsgesten ihre Beziehungen. Riecht ein Degu anders oder zeigt er ein abweichendes Verhalten, wird er als Gruppenfremder betrachtet. Fremde Tiere gelten als Eindringlinge in das familieneigene Territorium und werden weggebissen.
Es gibt aber zwei Möglichkeiten, Degus aneinander zu gewöhnen.

Erste Möglichkeit: Man kann die Tiere in einem Terrarium zusammenbringen,

Gewöhnt man fremde Degus aneinander, so müssen sie in den ersten Stunden unbedingt beobachtet werden.

das beiden Parteien unbekannt und nicht als ihr Territorium markiert ist. Auf fremdem und unbekanntem Gelände ist die Vorsicht stärker als die Aggressivität, und beim aufgeregten Untersuchen der neuen Umgebung lernen sich die Tiere nebenher kennen.

- **Zweite Möglichkeit:** Sie besteht darin, das Terrarium durch ein engmaschiges, stabiles Metallgitter so zu unterteilen, dass sich die Tiere zwar sehen, hören und riechen, aber nicht beißen können. Die Degus in den beiden Terrarienhälften werden dann täglich ausgetauscht, damit sich die Duftmarken an Einstreu und Einrichtung vermischen. Sobald erste Versuche friedlicher Kontaktaufnahme zu beobachten sind, kann man es wagen, die Tiere unter Aufsicht zueinander zu lassen.

- **Beaufsichtigung** der Tiere ist bei beiden Gewöhnungsversuchen sehr wichtig. Kann man sie nicht ausreichend beaufsichtigen, sollte man Degus nach ihren ersten Kontakten vorsichtshalber vorübergehend wieder getrennt unterbringen.
In jedem Fall muss man noch für längere Zeit ein wachsames Auge auf die Tiere haben. Auch wenn alles friedlich zu verlaufen scheint, können noch Stunden später Streitigkeiten aufkeimen. Wenn sich Beißereien andeuten, müssen die Tiere sofort getrennt werden. Bis zum nächsten Versuch sollte mindestens ein Tag vergehen.

Artgerechte

Fütterung
Ein Speiseplan für Degus

Degus sind Magerköstler

Im Freileben nehmen Degus hauptsächlich wenig gehaltvolle Nahrungsbestandteile zu sich. Über 90% ihres Nahrungsspektrums bestehen – in den Anteilen jahreszeitlich etwas variierend – aus Gräsern, Kräutern, Blüten, Laub, Rinde und Samen.

Früchte spielen eine geringe Rolle, sie sind auch nicht überall und jederzeit für die Tiere erreichbar. Der Verdauungstrakt der Degus hat sich im Laufe ihrer Entwicklung auf die karge Kost ihrer Urheimat eingestellt. Bietet man den Tieren in menschlicher Pflege zu gehaltvolle Nahrung an, bekommen sie ernst zu nehmende Gesundheitsprobleme.

Fütterungsfehler sind vor allem in der Anfangszeit der Degu-Haltung mangels besseren Wissens gemacht und weiterempfohlen worden. Inzwischen liegen mehr Haltungserfahrungen vor, zudem wurden einige Freilanduntersuchungen bekannt.

Fett- oder zuckerhaltige Bestandteile sind im natürlichen Nahrungsspektrum der Degus nur in kleinsten Mengen enthalten. Die Tiere wissen leider nicht, was für sie gut ist; ihre Instinkte können sie nicht vor Bananen oder Haselnüssen warnen, da diese in ihrer Heimat nicht wachsen. Deswegen stürzen sie sich auf dieses leckere, für ihren Organismus aber sehr schädliche Futter.

Wichtig

Degus müssen diätetisch ernährt werden.
Um dies besser zu verstehen, schauen Sie in das Kapitel „Gesundheitsprobleme“.

Futtergefäße

Futternäpfe für Degus müssen aus unzernagbarem Material bestehen. Plastiknäpfe sind unbrauchbar, da Degus Stücke herausbeißen und verschlucken können, was zu tödlichen inneren Verletzungen führen kann. Besonders geeignet sind schwere Steingutnäpfe mit einem Durchmesser von etwa 15 cm. Der Napf darf nicht kippen, wenn sich ein Degu auf den Rand setzt.

Notwendig ist ein Futternapf allerdings nicht, er dient mehr dem menschlichen Ordnungssinn. Degus sind von Natur aus daran gewöhnt, viel Zeit mit der Futtersuche zu verbringen. Das Verstreuen des Futters im Terrarium ist somit viel artgerechter als das Füllen eines Napfes.

Hauptfutter

Seit einigen Jahren ist eine spezielle Futtermischung für Degus im Handel erhältlich. Man kann jedoch auch aus Futtermischungen für andere Nager ein brauchbares Degu-Hauptfutter zusammenmischen. Als Grundlage dienen Chinchilla-Pellets, da auch Chinchillas „Magerköstler“ sind. Futtermischungen für Meerschweinchen und Rennmäuse eignen sich als Beimengungen. Unbrauchbar sind Ratten-, Mäuse- und Streifenhörnchenfutter; diese Sorten sind für Degus viel zu gehaltvoll und führen zu ernsthaften Verdauungsproblemen.

▸ **Müsli** (auch ungezuckertes), welches gern als Nahrung für Ratten und Mäuse verwendet wird, ist für Degus aus dem

Futternäpfe müssen schwer und standfest sein und dürfen nicht rutschen, wenn sich der Degu auf den Rand setzt.

gleichen Grund ungeeignet. Trockengemüse (kein Trockenobst!) kann der Futtermischung beigefügt werden; viele Degus fressen es gern.
Nüsse und Sonnenblumenkerne sollten wegen ihres hohen Fettgehaltes nur in Kleinstmengen im Hauptfutter vorhanden sein oder als vereinzelte Leckerbissen gereicht werden.

Raufutter

Degus müssen jederzeit Zugang zu frischem Heu als ballaststoffreichem und wenig gehaltvollem Raufutter haben, sie verzehren im Verhältnis zu ihrer Körpergröße große Mengen davon.

▸ **Gutes Heu** riecht angenehm würzig und staubt nicht. Am besten kauft man abgepacktes Heu im Zoofachhandel. Bei seiner Lagerung muss darauf geachtet werden, dass das Heu nicht feucht werden kann, damit es nicht schimmelt. Riecht das Heu muffig, ist es nicht mehr für die Verwendung geeignet – auch nicht als Nistmaterial!
Eine Heuraufe lässt sich in einem gläsernen Terrarium ohne aufwändige Konstruktion kaum befestigen. Da Heu ohnehin auch als Nistmaterial verwendet wird, kann man es einfach ins Terrarium legen. Degus sind sehr reinliche Tiere und verschmutzen ihr Nest im Allgemeinen nicht mit ihren Exkrementen; es schadet ihnen also nicht, wenn sie ihr „Bettzeug" fressen.

Obst

Auf die Verfütterung von Obst sollte bei der Ernährung verzichtet werden, da man sonst einer Diabeteserkrankung Vorschub leistet. Das gilt für frisches Obst genauso wie für Trockenobst (zum Beispiel Rosinen). Der Zuckergehalt von Obst wird häufig unterschätzt. Von den Gesamtkalorien einer Banane sind beispielsweise über 75% Zuckerkalorien. Selbst saure Früchte wie Zitronen enthalten einen großen Anteil Zucker.

Leckeres Gemüse für Degus

Blattsalate Nur ungespritzte Salate füttern	Chinakohl und andere Kohlsorten
Endivie	Kartoffel Achtung, Keime und Kartoffelkraut sind giftig!
Chicoree	Kohlrabi vor allem die Blätter
Paprika	Küchenkräuter frisch geerntet
Salatgurke	Möhren auch das Laub
Sellerie	Porree Lauch

Gemüse

Gemüse ist neben einigen Wildpflanzen (siehe S. 47) das beste Grünfutter für Degus. Aus den in der nebenstehenden Tabelle aufgeführten Sorten lässt sich ein gesunder und abwechslungsreicher Speiseplan erstellen.

Es ist nicht unbedingt nötig, das Gemüse zur Verfütterung klein zu schneiden. Die Schneidezähne der Nagetiere sind meißelförmig und mit besonders hartem Zahnschmelz beschichtet. Für einen Degu, dessen Nagezähne Späne aus Hartholz schneiden können, stellt selbst die härteste Möhre kein Hindernis dar. Zudem ist es eine sinnvolle Beschäftigung, denn Nagetiere

Gemüse ja – Obst nein: Eine wichtige Voraussetzung für die gesunde Ernährung von Degus.

sind von Natur aus daran angepasst, sich ihr Futter selbst zu erarbeiten.

Sonstiges Grünfutter

Wiesen und Gärten geben viele brauchbare Grünfuttersorten her, wenn sie nicht dicht an vielbefahrenen Straßen oder neben pestizidbehandelten Äckern liegen. Gesammelt werden können Gräser, Wegerich, Löwenzahn, Sauerampfer, Vogelmiere. Vorsicht vor Giftpflanzen! Ein botanisches Bestimmungsbuch leistet beim Sammeln wertvolle Dienste.

Mitsamt Wurzeln und etwas anhaftender Erde ausgerissene Grasbüschel stellen nicht nur gutes und natürliches Futter dar, sondern können die Nager beim Auseinandernehmen lange beschäftigen. Übrigens ist auch das im Zoo- und Gartenfachhandel erhältliche Katzengras gutes Degu-Futter.

Selbst einige Zimmerpflanzen können zur Bereicherung des Speisezettels beitragen, wenn sie ausgelichtet werden müssen, nämlich Grünlilie (*Chlorophytum*), Zypergras (*Cyperus*) und Tradeskantie (*Tradescantia, Zebrina*). Die meisten anderen Zierpflanzen enthalten Gifte (das gilt auch für viele Gartenpflanzen).

Schließlich verzehren Degus gern Rinde, Laub, Knospen und Blüten von frischen (ungespritzten!) Weiden- und Obstbaumzweigen, die zu jeder Jahreszeit gereicht werden können.

Harte Hundekuchen befriedigen den Nagetrieb und fördern die natürliche Abnutzung der Zähne.

Futterergänzungen

An harten Futtermitteln können Degus ihren Nagetrieb stillen und ihre ständig nachwachsenden Zähne auf natürliche Weise abnutzen. Man kann ihnen Hundekuchen oder Äste ungespritzter Obstbäume oder Weiden (keine Zweige von Ziersträuchern und -bäumen, von denen viele giftig sind!) bieten.

Tierisches Eiweiß ist für die Ernährung anscheinend nicht von Bedeutung. Bei frei lebenden Degus machen Insekten weniger als 1% der Nahrung aus, und es ist fraglich, ob sie gezielt gesucht oder zufällig oder aus Neugier gefressen werden. Mehlwürmer, die von fast allen Kleinnagern gern genommen werden, stoßen bei im Terrarium gehaltenen Degus auf wenig Interesse. Wenn überhaupt, lassen sie sich eher für ein Bröckchen Hundetrockenfutter begeistern.

Leckerbissen in Form handelsüblicher Nager-Snacks sind für Degus häufig zu gehaltvoll und sollten nur in Kleinstmengen und gezielt aus der Hand verfüttert werden.

Wichtig

Büffelhaut-Kauknochen für Hunde stellen ebenfalls eine gute und beliebte Nagemöglichkeit dar.

Trinkwasser

Auch wenn Degus in großen Teilen ihres Verbreitungsgebietes unter Wüsten- oder Halbwüstenbedingungen leben und somit über saftiges Futter ihren Feuchtigkeitsbedarf durchaus decken können, sollte man ihnen trotzdem täglich frisches Wasser zur freien Verfügung anbieten.
Die Nage- und Scharraktivitäten der Degus stellen ihren Halter jedoch vor das Problem, wie er ihnen Trinkwasser anbieten kann.

Wassernäpfe

Wie Futternäpfe müssen Wassernäpfe auch aus unzernagbarem, schweren Material bestehen. Sie werden allerdings schnell durch hineingescharrte Einstreu verschmutzt.
Eine handelsübliche Kleintiertränke aus Kunststoff wird normalerweise von außen an ein Käfiggitter gehängt und ist dort vor den Zähnen der Degus relativ sicher. In einem gläsernen Terrarium muss sie zwangsläufig innen aufgehängt werden. Degus lassen kein artistisches Kunststück unversucht, um diesen interessanten Gegenstand zu demontieren, wo immer er auch angebracht ist. Es bleibt somit nur die Lösung, die Flasche zu ihrem Schutz so in einen selbst gebauten „Käfig“ aus engmaschigem Gitter einzuhängen, dass nur das Trinkröhrchen herausschaut.

Vorsicht

Wenn eine Tränkflasche von den Degus ungewöhnlich schnell geleert wird, ohne dass feuchte Einstreu darunter auf ein Leck hinweist, besteht Verdacht auf eine Diabeteserkrankung.
Degus können außerdem zu „Trinkern aus Langeweile“ werden, wenn ihre Unterbringung ihnen zuwenig Beschäftigung bietet. Daraus kann sich eine Verhaltensstörung entwickeln.

Krankheiten und

Verhaltensstörungen
Unser Degu ist krank

Wichtig

Suchen Sie mit einem erkrankten oder verletzten Degu sofort einen Tierarzt auf.

Info

Auch gesunde Degus zeigen ein gesträubtes Fell, wenn ihnen kühl ist und sie frieren. Ansonsten liegt ihr Fell aber glatt an, ist dicht und glänzend.

Gesundheitsprobleme

Degus sind sehr robuste Tiere, wenn sie artgerecht gehalten und ernährt werden. Selbst dann lässt es sich aber nie ganz ausschließen, dass ein Degu erkrankt oder verletzt wird.
Die zunehmende Tendenz, bei erkrankten Heimtieren selbst Doktor zu spielen, ist im Falle kleiner Nagetiere sehr bedenklich. Kleine Behandlungsfehler, die von Hund oder Katze meistens weggesteckt werden können, sind für Nager schnell tödlich.
Da Nagetiere mit Krankheitssymptomen in der Natur schnell die Aufmerksamkeit von Fressfeinden und arteigenen Konkurrenten erregen, versuchen kranke Tiere instinktiv, so lange wie möglich einen gesunden Eindruck zu machen. Wenn ein Nagetier dann tatsächlich Symptome zeigt, ist das Problem in der Regel schon so weit fortgeschritten, dass jedes Behandlungsexperiment das letzte sein kann.
Aus diesem Grund und den Tieren zuliebe werden nachfolgend auch keine „Hausrezepte“ aufgelistet.

Check Krankheiten
Symptome erkennen

- offene Wunden
- entzündete, tränende oder getrübte Augen
- Grauer Star (siehe S. 53)
- Nasenausfluss, Schweratmigkeit, Röcheln, Niesen
- Speichelfluss (Zahnprobleme!)
- nasser oder kotverschmierter Afterbereich
- nackte oder schorfige Hautpartien, häufiges Kratzen (Parasiten!)
- apathisches Verhalten
- langsame, unsichere oder steifbeinige Bewegungen
- kraftlos hängende Gliedmaßen, Hinken
- Lähmungserscheinungen
- Krämpfe
- Abmagerung, eingefallene Flanken
- ständig gesträubtes Fell

Wichtig

„Diät" hat bei einer Zuckerkrankheit nichts mit Abnehmen zu tun, auch schlanke Degus können zuckerkrank sein!

Zuckerkrankheit

Degus sind durch ihre Anpassung an karge Nahrung extrem anfällig für Zuckerkrankheit (Diabetes mellitus). Die Krankheit kann in ihren Anfangsstadien nur vom Tierarzt diagnostiziert werden. Zeitweise bestand der Verdacht (oder die Hoffnung), dass die Diabetesneigung erblich und damit auf bestimmte Zuchtlinien beschränkt sein könnte. Es scheint aber eher der Fall zu sein, dass Diabetes durch Fehlernährung bei jedem Degu ausgelöst werden kann. Das bedeutet für den Degu-Halter, dass er seine Pfleglinge vorsichtshalber konsequent (!) nach einem diätetischen Speiseplan ernähren sollte, um keine Erkrankung zu riskieren. (Siehe auch Info S. 53).

An süße Leckerbissen dürfen Degus erst gar nicht gewöhnt werden, denn dann vermissen sie diese auch nicht. Selbst gelegentliche Gaben zuckerhaltiger Nahrung (z.B. Rosinen oder Äpfel) können möglicherweise Diabetes auslösen.

Geburtsschwierigkeiten

Mit zuckerhaltigem Futter ernährte Degu-Weibchen neigen dazu, übergroße Jungtiere zu entwickeln und dadurch Schwierigkeiten beim Werfen zu bekommen. In der Anfangszeit der Heimtierhaltung von Degus, als die Tiere noch mangels besseren Wissens mit Äpfeln oder Bananen gefüttert wurden, war es tatsächlich nicht selten, dass Degu-Weibchen beim oder nach dem Werfen starben.
Diabeteskranke Degus verlieren allmählich ihre Fortpflanzungsfähigkeit.

Klare Augen, dichtes Fell, munteres Verhalten: die besten Zeichen für gesunde Degus.

Grauer Star

Eine weitere, auch sehr schwer wiegende Begleiterscheinung ist die Entwicklung von Grauem Star (Cataract). Dadurch verliert der Degu sein Sehvermögen allmählich und kann schließlich nur noch Hell und Dunkel unterscheiden. Es handelt sich hier um eine Linsentrübung , die die im Inneren des Augapfels (hinter der Pupille) sitzende Linse betrifft. Die Augenoberfläche bleibt hingegen klar und glänzend. Bei hellem Licht ist die Pupille verengt (umgangssprachlich spricht man von „kleinen Augen") und lässt dadurch selbst eine getrübte Linse kaum erkennen; bei dämmerigem Licht und dadurch weit geöffneter Pupille ist diese dagegen gut erkennbar.

Degus haben „Katzenaugen": Bei Helligkeit zieht sich die Pupille zu einem senkrechten Schlitz zusammen, der nur noch die Stärke eines Kugelschreiberstrichs hat. Da Degus als tagaktive Tiere meistens bei Licht betrachtet oder sogar unter einer eigenen Beleuchtung gehalten werden, fällt Grauer Star bei ihnen häufig nicht auf. Viele Halter sind davon überzeugt, dass ihre Degus trotz Fütterung mit Äpfeln, Bananen usw. keine Gesundheitsprobleme haben – obwohl die Tiere längst an Grauem Star und noch viel länger an Diabetes leiden können, ohne dass dies bemerkt wurde.

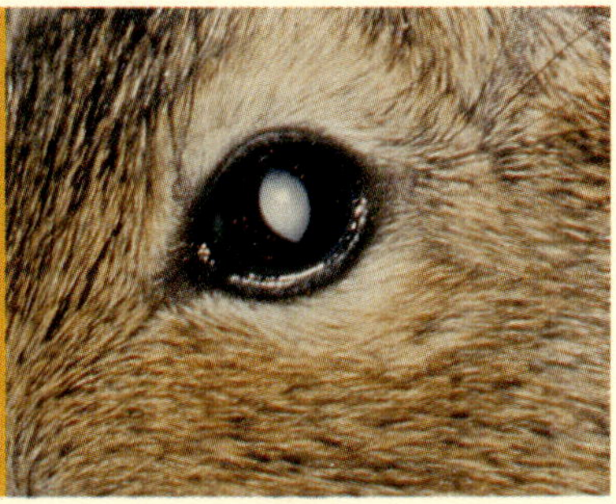

Linsentrübung (Grauer Star)

Info

Eine stark erhöhte Flüssigkeitsaufnahme der Degus weist auf eine Zuckerkrankheit hin. Der Flüssigkeitsbedarf ist dann nicht mehr allein mit Grünfutter zu decken. Deshalb ist es wichtig, dass den Tieren ständig frisches Wasser zur Verfügung steht. Auch ist eine häufigere Reinigung des Käfigs, durch die erhöhte Urinabgabe, nötig.

Tipp
Eine Linsentrübung lässt sich erkennen, wenn man das Raumlicht ausschaltet und einige Augenblicke später die Degus mit einer Taschenlampe anleuchtet.

- **Bei Fortschreiten** des Grauen Stars kann sich der Degu nur noch mit Hilfe seiner Tasthaare, seines Gehörs und Geruchssinns orientieren. Seine Umgebung – sprich die Terrarieneinrichtung – darf dann nicht oder nur behutsam umgestaltet werden. Außerdem ist zu beachten, dass der Degu bei Berührungen häufig erschreckt, da er Bewegungen seines Pflegers erst im letzten Augenblick wahrnimmt. Das kann dazu führen, dass selbst handzahme Degus wieder scheu werden.
- **Eine Ernährungsumstellung** kann den Grauen Star nicht rückgängig machen, er kann nur durch eine aufwändige Operation behoben werden.
- **Die Hornhauttrübung** ist eine weitere Form von Augentrübung, die häufig mit der Linsentrübung verwechselt wird. Bei dieser Trübung ist die Oberfläche des Augapfels unübersehbar grau bis weiß eingetrübt. Eine solche Augenerkrankung kann zwar ebenfalls bei Degus vorkommen, hat aber nichts mit Diabetes zu tun.

Überlange Krallen und Zähne

Gesunde und richtig ernährte Degus sind derart aktive Tiere, dass bei ihrem regen Scharren und Klettern kaum Gefahr besteht, dass ihre Krallen zu lang werden. Kranke oder verfettete Degus werden dagegen oft bewegungsunlustig.
Zu weiche Nahrung und fehlende Nagemöglichkeiten führen dazu, dass die ständig wachsenden Zähne nicht auf natürliche Weise abgenutzt werden.

Wie ein flüchtiger Blick täuschen kann: Dieser Degu kränkelt nicht, sondern ist mit der Pflege seiner Tasthaare beschäftigt.

Haben Degus überlange Krallen und Zähne, muss ein Tierarzt aufgesucht werden, der diese fachgerecht kürzt.

Fellfressen

Dabei handelt es sich um eine Übersteigerung des freundschaftlich gemeinten Beknabberns von Rücken und Nacken, bei dem das aktive Tier die Haare abbeißt und dem passiven im Laufe der Zeit eine rundliche kahle Stelle zufügt. Meistens handelt es sich um einen einzelnen Übeltäter in der Gruppe, der leicht an der fehlenden Kahlstelle zu erkennen ist. Dieses Tier sollte aus der Gruppe genommen werden.
Ob das Verhalten psychisch bedingt oder auf eine Mangelerkrankung zurückzuführen ist, wurde noch nicht herausgefunden. Der Verdacht, es könne sich um eine Erbkrankheit handeln, konnte bisher weder bestätigt noch widerlegt werden.

Verhaltensstörungen

Sie können unterschiedliche Ursachen haben; bei Degus sind Stress oder Langeweile häufige Auslöser dafür. In beiden Fällen versuchen die Tiere der Ursache zu entkommen, was ihnen durch Gitter und Glas verwehrt wird. Ihr ständiges In-der-Ecke-Hochspringen oder Nagen am Gitter ist also für den Halter ein Alarmzeichen.

Wichtig

Werden Stress oder Langeweile nicht rechtzeitig beseitigt, können sich die unterdrückten Fluchtversuche zu Bewegungsstereotypien steigern, die kaum noch zu beheben sind.

Stress kann durch einen falsch gewählten Standort des Terrariums oder durch sozialen Druck innerhalb der Degu-Gruppe entstehen, Langeweile durch ungenügende Ausstattung der Unterkunft oder einseitige Fütterung.

Dieser Degu wurde Opfer eines Fellfressers in seiner Gruppe, was die kahle Stelle auf seinem Rücken deutlich zeigt.

Fortpflanzung und

Familienleben

Nachwuchs bei Familie Degu

Was zu bedenken ist

Viele Heimtierliebhaber möchten einmal Jungtiere heranwachsen sehen. Gerade Degus mit ihrem ausgeprägten Familienleben können diesen Wunsch hervorrufen. Manchmal kommt man auch völlig unverhofft zu einem Wurf munterer Jungtiere, wenn man ein bereits trächtiges Weibchen erworben hat.

Jeder Tierhalter sollte sich vor einem Zuchtversuch darüber im Klaren sein, dass Jungtiere auch Arbeit und eventuell Trennungsschmerz bedeuten. Gute und verantwortungsbewusste Abnehmer müssen gefunden werden, welche die ihnen anvertrauten Tiere artgerecht halten und behandeln. Die Zucht von Tieren bedeutet deshalb eine große Verantwortung.

Familienplanung

Degus vermehren sich wegen ihrer langen Tragzeit nicht so schnell wie Mäuse oder Ratten, doch können schon zwei oder drei jährliche Würfe eines Pärchens für Absatzprobleme sorgen. Ein Degu-Paar darf jedoch nur dann zur Vermeidung weiteren Nachwuchses getrennt werden, wenn jeder Elternteil mindestens ein gleichgeschlechtliches Jungtier zur Gesellschaft behält.

Zum Zeitpunkt der Geschlechter trennung ist das Weibchen allerdings häufig schon wieder trächtig, da es unmittelbar nach dem Werfen erneut gedeckt wurde.

Als Konsequenz nachträglicher Geschlechtertrennung ist es notwendig, ein zweites Terrarium anzuschaffen oder sich von einer der beiden Gruppen zu trennen.

Info

Eine Kastration des Männchens ist zwar möglich, die Operation ist jedoch im Gegensatz zu anderen Tieren wegen der im Körperinneren liegenden Hoden aufwändiger und für das Tier schwerwiegender. Sie sollte nur als allerletzter Ausweg gewählt werden.

Check Familienplanung
Wichtige Daten für die Zucht

- früheste Geschlechtsreife: Weibchen mit sieben, Männchen mit zwölf Wochen
- Fortpflanzungsfähigkeit: Männchen zeitlebens, Weibchen bis viereinhalb Jahre
- Zyklus des Weibchens: 18–25 Tage
- Tragzeit: 77–90 Tage
- Wurfgröße: 1–10 Jungtiere
- Würfe pro Jahr: 1–4
- völlige Entwöhnung der Jungtiere: mit sechs Wochen

Geschlechtsreife und Zyklus

Die Geschlechtsreife kann in sehr unterschiedlichem Alter eintreten (früheste Daten siehe Kasten); Ursachen für eine späte Geschlechtsreife sind möglicherweise Ernährungsmängel oder sozialer Druck.

Die Hauptfortpflanzungszeit der Degus liegt im Süden ihres natürlichen Verbreitungsgebietes im Monat September, wenn auf der Südhalbkugel der Erde Frühling herrscht. Im Norden Chiles kommt eine zweite Periode während des Südherbstes in den Monaten Februar bis April hinzu. Im Terrarium gehaltene Degus werden nicht durch klimatische oder nahrungsbedingte Wechsel beeinflusst, so dass sich ihre Fortpflanzung auf das ganze Jahr ausdehnt.

Werbung und Paarung

Die Scheide des Degu-Weibchens ist normalerweise fest verschlossen und öffnet sich nur bei Paarungsbereitschaft (etwa alle drei Wochen) oder zur Geburt der Jungtiere.
Paarungsbereite Degu-Weibchen zeigen manchmal ein ausgeprägtes Werbeverhalten, wenn der Partner nicht sofort Interesse zeigt. Es umgarnt und beknabbert das Männchen und reitet auf, um es schließlich durch Weglaufen zum Nachfolgen zu ermuntern. Nach einer mehr oder weniger

Wichtig

Miteinander aufgewachsene Degu-Paare entwickeln manchmal erst lange nach dem Eintritt der Geschlechtsreife sexuelles Interesse aneinander.

Degu-Babies kommen mit Fell auf die Welt und sind nur ca. 4 cm lang.

ausgeprägten Verfolgung bleibt das Weibchen sitzen und lässt das Männchen aufholen, sich von ihm beknabbern und betasten, wobei das Männchen seitwärts schlängelnde Bewegungen mit seinem Schwanz ausführt und erregte Laute von sich gibt. Wenn das Weibchen dann leicht Hinterteil und Schwanz anhebt, reitet das Männchen auf, und die Kopulation findet statt. Nach der Kopulation lecken beide Tiere ihre Genitalien sauber. Während der Paarungsbereitschaft des Weibchens kann es zu einer Vielzahl von Paarungen kommen, wobei in größeren Gruppen auch mehrere Männchen beteiligt sein können. Die Kopulation ist leicht zu verwechseln mit dem Aufreiten, mit dem Degus sich gegenseitig freundschaftliche Absichten vermitteln. Auch dabei sind Schwanzschlängeln, Beknabbern und erregtes Getriller zu beobachten, doch fehlt das Säubern der Genitalien hinterher.

Trächtigkeit und Geburt

Nach der Paarung muss das Männchen nicht entfernt werden, da junge Degus im Familienverband aufgezogen werden. Spezielles Futter ist während der Trächtigkeit und auch später während des Säugens nicht notwendig, wenn für abwechslungsreiche Ernährung und ausreichend Flüssigkeit gesorgt ist. Trächtigen Weibchen sollte allerdings große Aufregung erspart bleiben, da es dadurch bis zu einem bestimmten Zeitpunkt der Trächtigkeit zur Resorbierung (Auflösung) der Embryonen im Mutterleib, später zu Früh- und Totgeburten kommen kann. Trächtige Degus dürfen nicht mit Griff um den Bauch hochgehoben werden.

Hochträchtige Weibchen entwickeln einen beachtlichen Körperumfang, aus dem man jedoch nicht unbedingt auf die Anzahl der Jungtiere schließen kann. Der Leib wölbt sich stark zu den Seiten und bedingt zum Schluss einen breitbeinigen Gang des Muttertieres. Das Körpervolumen wird nach der Geburt nur langsam abgebaut. Für einen Kleinnager ist die Tragzeit von rund drei Monaten ungewöhnlich lang, doch bringen Degus weit entwickelte Jungtiere zur Welt, die einen längeren Aufenthalt im Mutterleib benötigen als die nackt und blind geborenen Nesthockerjungen der vergleichbar großen Ratten oder Goldhamster.

Die Geburt findet meistens in den frühen Morgenstunden statt. Kurz vorher beginnt das Muttertier, aus Heu, Laub oder anderem verfügbaren Material ein Wurfnest auszupolstern. Die übrigen Gruppenmitglieder halten sich während der Geburt etwas abseits. Degu-Weibchen sind wie viele Nagetiere von Natur aus darauf eingerichtet, gleich nach der Geburt der Jungen erneut gedeckt zu werden.

Neugeborene Degus im Wurfnest.

Tipp
Nach dem Werfen sollte das Nest aus hygienischen Gründen kontrolliert werden (nicht erneuert!). Anders als Mäuse oder Hamster fressen nämlich Degus tot geborene Jungtiere selten auf.

Degu-Babies
Neugeborene Degus haben proportional übergroße Köpfe und Füße. Sie kommen mit Fell auf die Welt, wobei die Dichte der Behaarung unterschiedlich ist; in sehr großen Würfen sind die Jungen meistens weniger weit entwickelt. Die Augen sind bei der Geburt halb geöffnet.

Nestkontrolle
Säugende Degu-Weibchen sind im Gegensatz zu vielen anderen Kleinnagern gegen kurze Nestkontrollen nicht empfindlich. Lang anhaltende Störungen können aber dazu führen, dass die Weibchen ihre Jungen verlassen oder in sehr seltenen Fällen sogar töten.

Beginn der Aktivität
Während des ersten Tages bleiben die Jungen im Nest. Schon am zweiten Tag verlassen sie es zeitweise und nehmen Kontakt mit ihren Verwandten auf. Zum Schlafen oder Säugen kehren sie aber immer wieder ins Nest zurück oder werden vom Muttertier hineingetragen. Jetzt ruht auch die ganze Degu-Familie dort, und die Jungen werden von allen Artgenossen gewärmt.

Erkundungsgänge werden in den nächsten Tagen ausgedehnt und die neugierigen Jungtiere wagen sich auch schon ans Klettern. Junge Degus spielen viel miteinander und versuchen auch gelegentlich, erwachsene Tiere in ihre Balgereien und Fangspiele einzubeziehen. Dabei können sie sich auch ranghohen Männchen gegenüber fast alles erlauben, ohne bestraft zu werden. Erst mit der Entwöhnung verlieren sie dieses Privileg und werden in ihre Schranken gewiesen.

Die Jungtiere stibitzen den Erwachsenen Futterteile aus dem Maul, die sie anfangs nur beknabbern, später auch fressen. Dadurch lernen sie auf spielerische Weise geeignete Nahrungsmittel kennen.

Ernährung der Jungtiere
Degu-Weibchen haben acht Zitzen. Dennoch werden auch größere Würfe

erstecke aller Art ziehen uch junge Degus magisch an.

aufgezogen, da Jungtiere auch von anderen säugenden Weibchen der Gruppe versorgt werden und ohnehin schon frühzeitig feste Kost zu sich nehmen.

Der Anteil fester Nahrung steigt bei den jungen Degus schnell, und mit rund vier Wochen sind sie von der Muttermilch unabhängig (Jungtiere aus besonders großen Würfen etwas später). Noch dürfen sie gelegentlich bei der Mutter trinken, werden jedoch zunehmend von ihr abgewiesen. Mit etwa sechs Wochen sind sie entwöhnt und völlig selbstständig.

Verhalten

Junge Degus orientieren sich im Verhalten an ihren Eltern und den übrigen Gruppenmitgliedern. Sind die Elterntiere zahm, zeigen sich auch ihre Nachkommen zutraulicher als die Jungtiere scheuer Eltern. Sie werden dann fast ohne menschliches Zutun zahm.

Entwöhnung

Ob die männlichen Jungtiere nach der Entwöhnung weiter in der Gruppe geduldet werden, hängt von ihrem Vater ab. Junge Weibchen werden nicht aus der Gruppe vertrieben.
Manche erwachsenen Männchen verfolgen Nachwuchsmännchen so stark, dass man diese besser herausnimmt, um Verletzungen oder gar Tötungen zu vermeiden. Andere Männchen sind wenig aggressiv und dulden sogar mehrere junge Männchen gleichzeitig in der Familie. Allerdings können sie diesen später durch ihre bloße Anwesenheit und Dominanz das Eingreifen ins Fortpflanzungsgeschehen verwehren.
In der kritischen Zeit sollte man die Gruppe gut beobachten und bei Anzeichen heftiger Auseinandersetzungen, die vor allem an wilden Hetzjagden sowie Klagelauten der Verfolgten erkennbar sind, sofort eingreifen und die jungen Männchen entfernen (siehe Kapitel „Lebensweise“).
Vermutlich bilden sich im Freiland neue Degu-Familien dadurch, dass sich vertriebene Jungmännchen mit Weibchen zusammentun, die ihre Gruppe freiwillig verlassen haben.

Achtzähner 5
Aggressionsverhalten 19
Agouti-Färbung 11
Anschaffung 22
Äpfel 52
Aquarien 26
Arten 5
Artenschutz 22
Artgerecht 21
Artgleiche Gesellschaft 18
Äste 28, 33, 48
Aufreiten 14
Augenringe 6
Augentrübung 54
Auseinandersetzungen 16, 61
Aussetzen 22
Autotomie 8

Backenzähne 5
Badespass 30
Bananen 43
Beaufsichtigung 41
Beißereien 42, 60
Beknabbern 55
Belüftung 26
Berührungen 54
Beschädigungskampf 17
Beschäftigung 37
Beschäftigungsfutter 38
Besitzansprüche 33
Bestimmungen, Gesetzliche 22
Beutegreifer 9
Bewegungsstereotypen 54
Biologie 5
Bisse 36
Blattsalate 46
Blauer Degu 11
Büffelhaut-Kauknochen 48

Cataract 53
Chicoree 46
Chile 5
Chinakohl 46
Chinchilla-Pellets 44
Chinchillas 5, 39
Chinchillasand 30
Chromosomen 6
Cururo 5

Degu, Blauer 11
Degu, Gewöhnlicher 5
Degu-Babies 60
Degu-Sprache 15
Degu-Wildfänge 10
Dekorationsmaterial 29
Desinfektionsmittel 33
Diabetes 45, 49, 52
Diät 52
Dominanz 61
Drohgesten 16
Duftmarken 15

Eindringlinge 40
Eingewöhnung 34
Einstreu 30
Eiweiß, Tierisches 48
Embryonen 59
Endivie 46
Entwöhnung 22, 58 ff.
Erbkrankheit 55
Erdhörnchen 13
Erdlöcher 29
Erdröhren 9
Erkundungsgänge 60
Ernährung der Jungtiere 60
Ernährungsumstellung 54
Eulen 13

Familiengruppen 13
Familienleben 57
Familienplanung 57
Fangaktion 38
Fangspiele 60
Farbvarianten 11
Fehlernährung 52
Feinde 13
Feldherrenhügel 15
Fellfressen 55
Fellpflege 37
Fett-Bestandteile 43
Fiepende Laute 15
Fluchtversuche 54
Fortpflanzung 57, 61
Fortpflanzungsfähigkeit 52, 58
Freilauf 38
Fressen aus der Hand 35
Fressfeinde 51
Freundschaftsgesten 14
Frischluftzufuhr 26
Früchte 43
Frühgeburten 59
Füße 7
Futterergänzungen 48
Futtergefäße 31, 44
Futtermischung 44
Futtersuche 44
Fütterung 33, 43
Fütterungsfehler 43

Gangsysteme 7
Gattungsname 5
Geburt 58
Geburtsschwierigkeiten 52
Gefahren 38
Gehör 9
Gehörsinn 54
Gemeinschaftshaltung 38
Gemüse 46
Geruchsinn 9, 54
Geschlechtertrennung 57
Geschlechtsreife 58
Gesellschaft 21, 40
Gesellschaft, Artgleiche 18
Gesetzliche Bestimmungen 22
Gesundheitsprobleme 51
Gewöhnlicher Degu 5
Giftpflanzen 47
Gitter 25
Glas 24
Goldhamster 39
Graben 7
Gräser 46
Grauer Star 53
Greifvögel 13, 25
Großputz 33
Grünfutter 46
Grünlilie 47
Gruppe 21

Handzahme Degus 37
Haselnüsse 43
Hauptfortpflanzungszeit 58
Hauptfutter 44
Heimat 5
Heimtiere 38
Heimtransport 23
Heizkörper 29
Hetzjagden 61
Heu 31, 45
Hochheben 36
Hoden 57
Höhe 27
Holz 24
Holzgranulat 30
Hornhauttrübung 54
Hunde 39
Hundekuchen 48
Hygienemaßstäbe 33

In-der-Ecke-Hochspringen 55
Individuen 19
Insekten 48
Inzucht 11

Juckreiz 8
Jungtiere 15, 57
Jungtiere, Ernährung 60

Kämpfe 16
Kartoffeln 46
Kastration 57
Katzen 39
Katzenaugen 53
Katzengras 47
Kauknochen, Büffelhaut 48
Klagelaute 17, 61
Kleintierkäfige 23
Kleintierstreu 30
Kleintiertränke 49
Klettermöglichkeiten 27, 31
Knospen 47
Kohlrabi 46
Kolonie 13
Kommentkampf 16
Kontaktaufnahme 34, 39
Kontrollarbeiten 34
Kontrolle, Tägliche 33
Kontrolle, Wöchentliche 33
Kopf-Rumpf-Länge 9
Kopulation 59
Körperform 7
Körpermaße 9
Körperpflege 33
Körpersprache 21
Krallen 7, 33, 54
Krankheitskeime 27
Krankheitssymptome 51
Kraulen 37
Kräuter 46
Kunststoffboxen 23

Küsten-Degu 6

Labortiere 9
Langeweile 25, 55
Laub 47
Laufräder 30
Lautäußerungen 15, 21
Lebenserwartung 9
Lebensweise 13
Leckerbissen 48, 52
Liebhaberzucht 34
Lieblingsfressplatz 35
Linsentrübung 54
Löwenzahn 46
Lüftungsöffnungen 25

Magerköstler 43
Mangelerkrankung 55
Männchen 21
Markieren 33
Maulverletzungen 25
Meerschweinchen 5
Mehlwürmer 48
Metall 24
Mietrecht 22
Mindestgrundfläche 27
Möhren 46
Mopani-Wurzeln 28
Müsli 44
Muttermilch 61

Nachwuchs 57
Nachzuchten 10, 22
Nackenfell 36
Nagemöglichkeiten 31
Nagen 38, 55
Nager-Snacks 48
Nagetiere 39
Nagezähne 8, 23
Nahrung 43
Nahrungssuche 13
Nasen-Lippen-Kontakt 14
Nestgeruch 13
Nesthockerjungen 59
Nestkontrolle 60
Neugeborene 22
Neugier 34
Nistmaterial 30, 45
Normalgewicht 9
Nüsse 45
Nutrias 5
Nymphensittich-Nistkästen 28

Obst 45
Obstbaumzweige 47
Octodon bridgesii 7
Octodon degus 5
Octodon lunatus 6
Octodon pacificus 7
Octodontidae 5

Paarung 15, 58
Paarungsbereitschaft 58
Pappkarton 23
Paprika 46
Partner 40
Pazifik-Degu 7
Pflanzen 13
Pflege 33
Pflegearbeiten 34
Pflegeaufwand 33
Pilzsporen 27
Plastik 23
Plastiknäpfe 44
Porree 46

Quäken 15

Rahmenaquarien 26
Rangordnung 15 ff.
Raufutter 45
Raumbedarf 27
Reinigung 34
Resorbierung 59
Reviermarkierungsmittel 15
Revierverhalten 15
Rinde 47
Rosinen 45, 52

Salatgurke 46
Sandbad 15, 30
Sauerampfer 46
Säugen 59
Scharren 7
Scheide 58
Scheue 37, 54
Schiebescheiben 25
Schwanzhaut 8
Schwanzlänge 9
Schwanzlosigkeit 8
Schwanzquasten 6
Schwanzwirbelsäule 8
Sehvermögen 9, 53
Selbstverstümmelung 8
Sellerie 46
Sinnesorgane 9
Sollbruchstelle 8
Sonnenbäder 29
Sonnenblumenkerne 45
Spalacopus cyanus 5
Sprache 15
Standort 29
Steine 28, 33
Steingutnäpfe 44
Steinplatten 28
Streicheleinheiten 36
Streit 16, 41
Stress 17, 33, 55
Stroh 31
Stromkabel 38
Styropor 29
Symptome 51

Tagaktiv 13, 53
Tägliche Kontrolle 33
Tasthaare 9, 54
Terrarien 24
Territorium 40
Tierarzt 52
Tierisches Eiweiß 48
Tonröhren 28
Totgeburten 59
Trächtigkeit 9, 36, 59
Tradeskantie 47
Tragezeit 57
Transportkäfig 34
Treibhaus 27
Trennung 17
Trillertöne 15
Trinkflasche 49
Trinkwasser 33, 49
Trockengemüse 45
Trockenobst 45
Trompetenschwanzmaus 7
Trugraten 5

Überhitzung 29
Unterbringung 21
Unterlegene 17
Urin 15
Urinabgabe 33, 53

Verbreitung 9
Verdauungsprobleme 44
Verdauungstrakt 43
Verhalten im Familienverband 13
Verhaltensstörungen 49, 55
Verlierer 18
Versteckmöglichkeiten 28, 31, 34
Vertrautheit 36
Vertreibung 17
Verwandtschaft 5
Vibrissen 9
Vogelmiere 46
Vogelsand 30

Wald-Degu 7
Warngeste 16
Warnruf 13
Wasser 49
Wassernäpfe 31, 49
Wegerich 46
Weibchen 21
Weidenzweige 47
Werbeverhalten 15, 58
Wildfänge 10
Wildpflanzen 46
Wildpopulation 9
Wildtiere 22
Wöchentliche Kontrolle 33
Wohnhöhlen 13
Wurfgröße 58
Wurfnest 59
Wurzeln 28 ff.

Zähmung 21, 25, 34
Zähne 8, 33, 54
Zahnschmelz 8
Zehen 7
Ziegelsteine 28
Zimmerpflanzen 47
Zimmervolieren 24
Zitzen 60
Zubehör 21, 31
Zucht 57
Zuckerkrankheit 52
Zyklus 58
Zypergras 47

Impressum

Umschlag von eStudio Calamar unter Verwendung von vier Farbfotos von Christof Salata/Kosmos.

Mit 108 Farbfotos

Die Deutsche Bibliothek – CIP-Einheitsaufnahme
Ein Titelsatz für diese Publikation ist bei Der Deutschen Bibliothek erhältlich

Alle Angaben in diesem Buch erfolgen nach bestem Wissen und Gewissen. Sorgfalt bei der Umsetzung ist indes dennoch geboten. Der Verlag und der Autor übernehmen keinerlei Haftung für Personen-, Sach- oder Vermögensschäden, die aus der Anwendung der vorgestellten Materialien und Methoden entstehen könnten.

Gedruckt auf chlorfrei gebleichtem Papier

ISBN 3-440-08949-5
Redaktion: Hilke Heinemann
Gestaltungskonzept: eStudio Calamar
Gestaltung & Satz: eStudio Calamar
Produktion: Kirsten Raue, Markus Schärtlein
Reproduktion: Master Image, Singapur
Printed in Germany / Imprimé en Allemagne
Druck und Bindung: Westermann Druck, Zwickau

Bildnachweis

Farbfotos von Toni Angermayer (1: S. 10), Peter Beck (1: S. 6), Michael Mettler (9: S. 11, 22 o, 22 M, 53, 55, 59, 60, 61 M, 61 u), alle weiteren 97 Aufnahmen von Christof Salata/Kosmos.

Der Text dieses Buches basiert auf dem 1990/1995 bei Frankh-Kosmos erschienenen Titel „Unser Degu" von Anna Sporon.

Autoren und Verlag danken der Firma Kölle Zoo, Stuttgart, für die großzügige Unterstützung der Fotoproduktion mit Tieren und Requisiten.